工业设计专业系列教材

U0722957

设计材料与工艺

焦玉琴　赵　博　编著

电子工业出版社

Publishing House of Electronics Industry

北京·BEIJING

内 容 简 介

为适应新形势下工业设计专业对设计材料与工艺的教学要求，编著者在总结多年教学经验的基础上编写了本书。

本书共八章，内容包括绪论、设计材料的感觉特性、金属与工艺、塑料与工艺、陶瓷与工艺、玻璃与工艺、木材与工艺、复合材料与工艺。在编写内容上，本书按照循序渐进、由浅入深的原则，力求通俗易懂，不过多涉及材料学理论知识，而是引入大量产品图片和应用实例，使读者能够直观感受材料与工艺在产品设计中的应用和艺术魅力。

本书既可作为高等院校工业设计与其他设计类专业的课程教材，又可供工业设计从业人员阅读和参考。

图书在版编目（CIP）数据

设计材料与工艺 / 焦玉琴，赵博编著. -- 北京 ：
电子工业出版社，2025. 6. -- ISBN 978-7-121-50609-3

Ⅰ．TB47

中国国家版本馆CIP数据核字第2025AW7496号

责任编辑：赵玉山   文字编辑：杜 皎
印　　刷：北京利丰雅高长城印刷有限公司
装　　订：北京利丰雅高长城印刷有限公司
出版发行：电子工业出版社
　　　　　北京市海淀区万寿路173信箱　　邮编：100036
开　　本：787×1 092　1/16　印张：10.75　字数：275千字
版　　次：2025年6月第1版
印　　次：2025年6月第1次印刷
定　　价：69.00元

前 言

　　"设计材料与工艺"课程是高等院校工业设计专业的一门必修的专业基础课，在工业设计教学中具有重要地位。

　　产品设计是运用材料和材料加工工艺，创造出具有一定质感和用途的工业产品的创造性活动，材料和材料加工工艺是产品设计的物质和技术基础。为使产品实现工业化生产，产品设计既需要考虑产品的使用性能和审美价值，还要考虑其工艺性能、成本、安全等因素，这些因素与材料的物理、化学、力学、工艺等性能紧密相关。

　　随着科学技术的不断发展，产品设计面临新的机遇和挑战，新材料、新工艺在现代产品设计中的作用越来越重要。因此，产品设计者必须熟悉材料的物理、化学、力学、工艺等性能及其感觉特性，了解材料的各类加工工艺，这样才能设计出合格的、美观的产品。

　　"设计材料与工艺"课程的任务是从产品设计的角度，简要阐明材料的成分和性能、常用设计材料及其工艺的基本知识，并介绍材料及工艺在产品设计中的应用，使学生通过学习，在掌握产品设计材料和工艺基础知识的基础上，初步具备根据产品的性能和质感要求合理选用材料和工艺的能力。

　　全书内容共八章。第1章绪论着重探讨设计与材料及材料加工工艺之间的关系。第2章设计材料的感觉特性着重探讨材料感觉特性及其在设计中的审美价值。第3章到第8章介绍设计中常用的金属、塑料、陶瓷、玻璃、木材、复合材料及其加工工艺，着重介绍各种材料的成分、性能、常见类型、加工工艺、质感特点和实际应用。

　　本书力求体系合理、内容丰富，尽量按照深入浅出、循序渐进的思路，既将相关材料学基础知识讲解清楚，又不会过于抽象琐碎，同时提供大量图片和应用实例，使学生直观感受到产品设计中材料和工艺的魅力。本书每章最后都附有思考题，以巩固所学知识，并培养学生分析问题和解决问题的能力。

　　本书可作为高等院校设计材料与工艺课程的专业教材，也可供工业设计从业人员阅读和参考。

　　在本书编写过程中，青岛大学、电子工业出版社给予热情的帮助和支持。本书的编写参考了部分国内外有关教材、科技著作和论文，部分照片来自互联网，在此向相关作者致以深切的谢意。

本书由青岛大学焦玉琴、赵博编著，全书由焦玉琴负责统稿。

由于水平有限，书中难免有不当之处，敬请读者批评指正。

编著者

目　录

第4章

塑料与工艺 ················ 073

第5章

陶瓷与工艺 ················ 093

第7章

木材与工艺 ……………………… 129

第6章

玻璃与工艺 ……………………… 109

第 8 章

复合材料与工艺 ·················151

第1章

绪论

    材料和材料加工工艺是人们进行产品设计的物质基础和技术手段，而产品设计是在材料和材料加工工艺的基础上，运用一定的文化知识和审美能力，结合人类的需求与目的，将材料转变为工业产品的创造性活动。随着社会的发展，材料的种类增多，材料加工工艺不断进步，人们对物质生活和精神生活的要求逐渐提高，这些因素促使产品造型技术不断发展。

1.1 人们对设计材料与工艺发展的探索

    在石器时代，人们用坚硬的石材制造工具。面对质地和色彩都比较单一的材料，人们在造型的对称、秩序和韵律等方面寻求变化，于是出现了拟形、绘纹、刻纹等简单的装饰手法。

    原始社会末期，人们学会用火烧制陶器。随着人们对陶器原材料的不断认识和制作技术的逐步熟练，出现了用手捏制、用泥条盘筑等多种成型方法，并出现贴花、镂空等多种造型方法。陶器的造型样式既考虑了人们使用的合理和方便，又体现了朴素的审美原则。

    制陶技术的发展为炼铜创造了必要的条件。在青铜器时代，由于青铜具有优良的铸造性能，人们对青铜器的造型进行更加深入的探索，从而使其更加富于变化并出现了许多新样式。

    铁器的出现使造型材料的种类进一步增多。科学家考古发现，战国时期已经有浇铸农具用的铁模，说明冶铸技术从翻砂造型进入铁模铸造阶段。钢铁性能优良，成型工艺性好，既可锻造成型，又可铸造成型，产品的造型丰富多样，再加上成本低廉，因此被广泛用于制造农具、武器和日常用品。

    材料科技的快速发展是在近现代。18世纪以后，工业迅速发展，对各类材料的需求急速增长。为了适应这一需要，在物理、化学、材料力学等学科基础上，产生了一门新的学科——材料学。材料学包括金属材料学、无机非金属材料学和高分子材料学等，其任务是揭示材料的成分、组织结构与性能之间的关系，研究对象是一切固体材料。X射线、电子显微镜等新技术和新仪器的相继出现，将人们带到了更深的微观世界层次，使材料学得到了长足的发展。

伴随材料学的发展，材料加工工艺也在推陈出新。新工艺在一定程度上也影响了产品的组织结构和性能。

20世纪以来，材料领域出现丰富多彩、精彩纷呈的局面。人工合成高分子材料发展迅猛，传统材料性能不断改进，又出现了复合材料、智能材料、纳米材料等新材料，一改古代人在材料选用上的单调性和局限性。新材料的大量运用，以及相应加工工艺的发展，促使工业产品造型发生更大的变化。

1.2 材料、工艺和产品设计的关系

1.2.1 材料是产品设计的基础

材料是产品设计的基础。纵观人类历史的发展，人类的文明史就是材料的发展史，而人类的设计史就是对材料的使用史。

（1）新材料的出现增加了产品的功能和特点。例如，制作刀具所用的材料，经历了从石材到青铜，以及近现代的不锈钢，如图1-1所示。现在，不锈钢是制造刀具的主流材质。与石刀和青铜刀相比，不锈钢刀具有更广泛的实用功能。它既有很高的强度和硬度，以满足刀具的切割性能要求，又耐腐蚀，同时具有银子般的光泽，在使用性能和审美功能上均能满足人们的需要。

（a）石刀　　　　　　　　　　（b）青铜刀　　　　　　　　　（c）不锈钢刀

图1-1　石刀、青铜刀和不锈钢刀

（2）基本功能相同的产品，材料不同，造型也不一样。以椅子为例，椅子的基本功能是提供座位，另外还具有很强的象征和装饰功能。木材、金属、石材、塑料等均可用于制造椅子，随着不同材料成型技术的发展，并结合设计师的创意，用不同材料制作的椅子会展现出不同的造型和风貌。图1-2所示为不同材料、不同造型的椅子，从明代木椅到近代设计师里特维德设计的用木条和胶合板构成的红蓝椅，以及潘顿设计的一次模压成型的玻璃纤维增强塑料椅，可见随着材料的发展，椅子的造型有了很大的变化。这些典型的产品形态也成为时代技术水平和社会生活的象征。

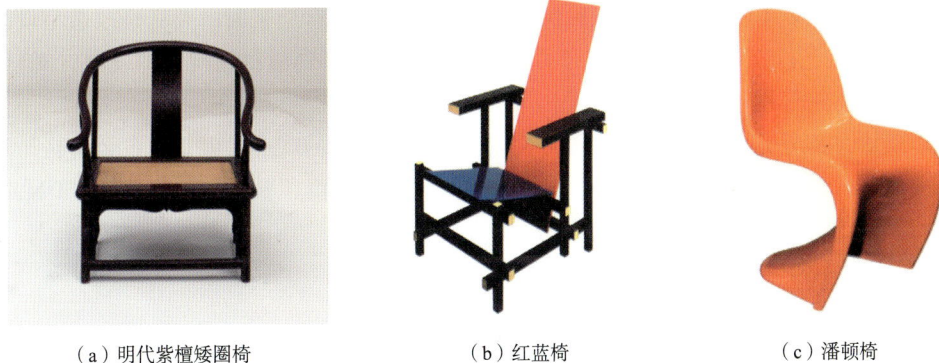

（a）明代紫檀矮圈椅　　　　　　　（b）红蓝椅　　　　　　　　（c）潘顿椅

图 1-2　不同材料、不同造型的椅子

（3）材料的发展使产品造型的自由度和可能性更大，设计者能够根据造型设计的要求来选择材料。设计材料由比较单一的石材、木材、陶瓷、玻璃、金属到越来越丰富的塑料、复合材料等新材料，可选择的材料种类越来越多，为产品设计展开了一个广阔的天地。材料的特性不同，其所能实现的形态也不同。同一类产品由于所用材料不同会产生不同的美感，从而满足不同消费者的审美和情感需求。一种新材料的出现，往往会给工业产品设计带来一个巨大的飞跃。

综上所述，材料的发展，促使产品造型发生变化。产品的造型设计受到材料发展的影响，不同的材料赋予产品不同的设计特点。

1.2.2　材料加工工艺是影响产品设计的重要因素

材料加工工艺记录了从原材料到产品的形成过程，不同的材料有不同的加工方法。即使材料相同、产品结构相同，如果采取不同的工艺，那么生产出来的产品质量及其造型特点也不一样。因此，材料加工工艺是影响产品设计的重要因素。

以金属为例，常用的成型方法有铸造、锻压、焊接、粉末冶金、3D 打印等。除此之外，金属制品要达到一定的尺寸和精度要求，往往还要进行车削、铣削、刨削等切削加工。为了获得一定的力学性能，通常要对金属进行热处理。为了使金属制品不被锈蚀，或赋予其耐磨损、抗指纹、易着色等表面性能，还要对金属进行表面处理。

铸造生产的金属制件，记录着金属液体流动的痕迹；锻压生产的金属制件，体现了金属的延展特性；切削加工的金属零件，有刀具留下的痕迹，表达出机械加工之美；表面处理更使金属制品具备独特的审美功能和保护功能。

在产品设计中，设计师应该灵活运用多种加工工艺手段，使产品造型充分展现材料的质地美，体现设计理念，并满足人们的消费需求。

1.2.3 产品设计促进材料与加工工艺的发展

设计师使产品的造型和结构通过一定的材料和加工工艺成为产品，以此来满足人们的消费需求。当现有的材料和工艺技术不能确保设计的造型结构生产出来时，要么修改造型设计，要么修改材料和工艺。在这种情况下，产品设计活动会反过来刺激材料科技的发展，对材料及加工工艺起到促进作用。

例如，黄金性能稳定，彰显高贵气质，黄金装饰很受人们的欢迎。但是，黄金价格昂贵，黄金装饰不宜推广。于是，在需求推动下，人们使用化学气相沉积技术，用氮化钛（TiN）模仿黄金，将其广泛用于手表外壳、眼镜框等产品的表面修饰。

1.2.4 设计师对产品设计、材料、加工工艺三者的综合考虑

（1）设计师要有美学上的考虑，提出产品设计的美学概念。工业产品的美一般由质地、肌理、光泽等组成的外表形态呈现。

（2）设计师应该考虑设计的合理性和可行性，综合考虑产品的使用性能、加工工艺、价格、环境保护、安全等要求，以实现产品的生产。例如，从使用性能的角度，移动电话的外壳材料应该具有较高的韧性，电视机的外壳材料应该具有电磁屏蔽功能，洗衣机的外壳材料应该具有耐蚀性。除此之外，设计师还应该考虑零件能否用现有条件生产出来，即零件的工艺性能如何。

（3）随着材料种类的增多、材料性能的发展，设计师应该能够发挥和挖掘材料的潜力，表达出材料的个性。为此，设计师需要了解材料的性能、分类、规格、加工工艺等，把选材、用材和产品的造型设计有机地结合起来。

（4）设计师对于材料的使用应该具备创新性。当新材料出现时，设计师需要创新性地使用，用新材料创造一种新的形态方式，赋予产品新的品质和内涵。例如，某科技公司生产的一种传导织物，由传导纤维和普通织物纤维构成，能够准确感知方位和压力，为使用者提供人与电子设备之间柔软、灵活和轻巧的界面。这种新材料问世后，设计师很快找到了创新的使用方法，用其生产各种手持电子类产品，如输入键盘、软腕表电话、软遥控器等。

1.3 设计材料与工艺的分类

1.3.1 设计材料的分类

设计材料种类繁多，有不同的分类方法。按照物质结构的不同，可以将设计材料分为金属材料、无机非金属材料、高分子材料和复合材料。

1．金属材料

金属材料包括黑色金属和有色金属。黑色金属包括铁和以铁为基的合金，占金属材料总量的95%以上。有色金属一般是除黑色金属之外的所有金属及其合金。

2．无机非金属材料

无机非金属材料主要包括石材、陶瓷、玻璃、水泥等。

3．高分子材料

高分子材料包括天然高分子材料（如木材、皮革、蚕丝等）和合成高分子材料。合成高分子材料又称聚合物材料，如合成橡胶、塑料、合成纤维和胶黏剂等。

4．复合材料

复合材料是由两种或两种以上不同的材料，以宏观或微观的方式复合形成的多相固体材料，一般由基体组元和增强体组成。常见的复合材料有玻璃纤维增强塑料，也就是玻璃钢，以及以碳纤维为增强体的复合材料等。

1.3.2　材料加工工艺的分类

材料只有通过一系列加工，才能保留设计赋予它的应有形态，成为产品。

材料加工工艺包括成型、加工、热处理、表面处理等。不管是金属，还是陶瓷、玻璃、塑料等非金属材料，在从原料到成品的工艺过程中，一般都要经历成型和加工过程，有的还需要进行热处理和表面处理。

1．成型

成型一般指在熔融状态下的第一次加工，不同的材料有不同的成型方法。金属常用的成型方法有铸造、塑性成型、焊接、粉末冶金等；陶瓷的成型方法主要有注浆成型、可塑成型、压制成型等；玻璃材料通常采用吹制、拉制、压制等方法成型；高分子材料主要采用注塑、挤出、吹塑、压延等方法成型。随着生产技术的发展，一些新的成型工艺涌现出来，如精密铸造、精密锻造、以锻代铸，以及3D打印等。

2．加工

加工指零件成型后对其进行车削、铣削、刨削、磨削、钻孔、抛光等二次加工，又称机械加工。通过机械加工，可以获得一定尺寸和表面精度的制件。

3．热处理

热处理是金属或合金在固态下经过加热、保温和冷却等步骤，调整组织和性能的工艺，常见的热处理工艺有退火、正火、淬火、回火等。玻璃在成型之后往往也需要进行热处理。

4．表面处理

表面处理是对材料表面进行一定的处理，从而保护或装饰材料。

1.3.3 新材料

随着科学技术的发展，材料科学也在不断发展，各种有别于传统材料的新材料也在不断涌现。新材料指采用新工艺、新技术合成的具有各种特殊性能（如光、电、声、磁、力、超导、超塑性）或比传统材料在性能上有重大突破（如超强、超硬、耐高温等）的材料总称。可以作为设计材料应用的新材料，主要有纳米材料、生态环境材料、新型建筑材料、智能材料等。

1. 纳米材料

纳米材料指在三维空间中至少有一维处于纳米尺度范围或由其作为基本单元构成的材料。纳米材料和纳米技术是 21 世纪推动社会经济快速发展的主导技术之一，对生物医药、环境保护、电子信息产业等方面都有重要的影响，其研究热点和技术前沿主要包括以碳纳米管为代表的纳米组装材料、纳米陶瓷和纳米复合材料等高性能纳米结构材料、纳米涂层材料，以及纳米激光器和纳米开关等纳米电子器件。

2. 生态环境材料

生态环境材料指具有令人满意的使用性能和优良的环境协调性，或者能够改善环境的材料。该类材料在制造、使用、废弃或再生利用的整个生命周期中，对资源的消耗少，对环境污染小，循环再生利用率高。生态环境材料主要包括环境相容材料、绿色包装材料、环境降解材料、环境净化材料、可循环使用材料、环境工程材料等。

3. 新型建筑材料

新型建筑材料是在传统建筑材料基础上产生的新一代建筑材料，主要包括新型建筑结构材料、新型墙体材料、保温隔热材料、防水密封材料和装饰装修材料，具有密度小、强度高、环保节能、多功能化等特点。

4. 智能材料

智能材料指能够感知环境刺激，并进行响应的材料。智能材料具有自检测、自判断、自结论、自指令、自执行的功能。压电陶瓷、形状记忆合金、电致伸缩陶瓷、生物医学材料中的药物释放载体等均可以称为智能材料。例如，形状记忆合金被用于智能材料和智能系统，如月面天线、火灾报警器、温控开关、管道连接件等。随着科学技术的发展，材料需要适应更为复杂的环境，所以将会有更多的智能材料出现，并得以广泛应用。

思考题

1. 设计与材料的关系是怎样的？
2. 设计与材料加工工艺的关系是怎样的？
3. 常见的设计材料有哪些种类？
4. 材料加工工艺有哪些？
5. 什么是成型？什么是加工？
6. 什么是新材料？

第2章

设计材料的感觉特性

产品设计从使用、美观、经济的角度对产品的材料、工艺、结构、形态、色彩和表面修饰等予以综合处理，使之既符合人们对产品使用性能的物质要求，又满足人们审美的精神需要。

因此，设计师既要了解材料的使用性能和工艺性能，还要掌握材料的感觉特性，也就是材料本身包含的文化属性和情感特性。只有这样，设计师才能将看似普通的原材料塑造成鲜活的产品，并赋予产品一定的文化、情感和艺术价值，建立起产品与使用者之间的情感联系。

2.1 材料的感觉特性

材料的感觉特性又称为材料的质感，是人通过感觉器官对材料得出的综合印象，是人的感觉系统受到生理刺激后对材料做出的反应，或人的知觉系统从材料的表面特征中得到的信息。

2.1.1 材料感觉特性的属性和分类

1. 材料感觉特性的属性

材料的感觉特性具有以下两个基本属性。

（1）生理心理属性，指材料表面作用于人的触觉和视觉的刺激性信息，如材料表面的粗糙与光滑、坚硬与柔软、华丽与朴素等感觉特征。

（2）物理属性，即材料表面传达给人的触觉和视觉的意义信息，即材料的类别、性能等，主要体现为材料表面的几何特征和理化类别特征，如色彩、肌理、光泽、质地等。

2．材料感觉特性的分类

材料的感觉特性有两种分类方法。

（1）按照人的生理和心理感觉分为触觉质感和视觉质感。

① 材料的触觉质感是人通过身体接触材料而感知到的材料表面特征，是人感知和体验材料的主要感受。人通过接触，可以辨别出物体的机械特性、物理特性和化学特性等。例如，材料表面的质地、硬度、密度、温度、黏度、湿度等。触觉质感一般表现为温觉、压觉、痛觉，以及对材料轻重、软硬等的感知。在产品设计中，设计师需要充分考虑材料的触觉质感。实际上，人们通常对细腻、柔软、光滑的表面会产生较为良好的触感，而对脏、黏、涩的表面会产生厌恶的感觉。

触觉对事物感觉的灵敏度很高，对人认识事物和环境、确定对象的位置和形式等有重要的作用。现代工业产品造型设计往往运用各种材料的触觉质感，不仅在产品接触部位体现防滑易把握、使用舒适等实用功能，而且通过不同肌理、不同质地材料的组合，丰富产品的造型语言，同时给用户带来更多新的感受。

② 视觉质感是视觉系统对材料表面特征的感觉和印象。因表面特性不同，不同材料对视觉器官会产生不同的刺激，由此决定了人们对不同材料视觉感受的差异。不同材料表面的光泽、色彩、肌理、透明度等给人不同的视觉质感，从而形成各种不同的质感。

视觉质感是触觉质感的综合和补充。由于触觉经验的长期积累，大部分人的触觉感受已经转化为视觉的间接感受。与触觉质感相比，视觉质感具有间接性、经验性、知觉性和遥测性，也就是具有相对的不真实性。在设计上，设计师可以利用该特点，用各种面饰工艺，以近乎乱真的视觉质感让人们产生触觉质感的错觉。

（2）按照材料的物理特性和化学特性分为自然质感和人为质感。

① 自然质感是材料固有的质感，符合材料的实际情况，体现的是材料的自然特性，强调材料自身的美感，关注材料的天然性、真实性和价值性。例如，一块黄金、一粒珍珠、一张兽皮、一块木材都有由它们自身的物理特性和化学特性决定的质感。图2-1所示为建筑外墙干挂石材，其线条简洁，纹理清晰，厚重坚固，散发着石材天然的美感。

图2-1　建筑外墙干挂石材

②人为质感是材料加工后的质感，体现的是人为的工艺特性，强调工艺美和技术创造性。设计要求不同，材料加工后的质感效果也不同。随着表面处理技术的发展，人为质感在现代设计中被广泛运用，从而使产品具有丰富多彩的质感效果。

2.1.2　对材料感觉特性的表征和描述

在产品设计中对材料感觉特性的表征和描述，往往采用人们使用频率较高的形容词，常见的有天然与人造、高雅与低俗、明亮与阴暗、柔软与坚硬、光滑与粗糙、时尚与保守、整齐与杂乱、感性与理性、浪漫与刻板、协调与冲突、亲切与疏离、古典与现代、轻巧与笨重、精致与粗略、活泼与呆板、科技与手工、温暖与凉爽、对称与不对称等。

2.1.3　影响材料感觉特性的相关因素

首先，材料的感觉特性与材料本身的组成和结构密切相关，不同的材料呈现出不同的感觉特性。例如，金属给人理性、坚硬的感觉，木材让人感觉亲和、温暖，玻璃显得明亮、光滑，皮革显得柔软、浪漫。由此可见，不同的材料给人不同的主观感受。

其次，材料的感觉特性还与材料的成型工艺与表面处理工艺有关，通常表现为同质异感和异质同感。例如，低碳钢分别采用铸造、锻造、冲压的成型工艺，获得的外观效果是不一样的。铸钢件一般用砂型铸造而成，表面较为粗糙；锻钢件在成型过程中受到压力作用产生塑性变形，表面有延展痕迹，高温锻造使其表面产生氧化皮；低碳钢的冲压工艺一般是冷冲压，冲压件表面质量好，光亮致密。又如，同一质地的花岗岩，未经表面处理的给人朴实、自然的感觉，经过表面处理的使人感觉华丽、现代。再如，塑料产品表面镀铬之后的外观质感与不锈钢产品的质感相同，给人精致、光滑、炫目、豪华的感觉。

2.1.4　质感设计在产品设计中的作用

产品不仅是实用功能的载体，在精神和文化上的象征功能也非常重要。产品设计除应该具有技术品质外，还应该建立产品与人进行情感沟通的桥梁。因此，质感设计十分必要。质感设计是产品造型设计的重要组成部分，一般是在产品功能设计之后的工作。质感设计使产品以更加真实和丰富的形象向消费者显示其个性，向消费者感官输送各种信息，以满足消费者的要求。

1. 提高适用性

良好的触觉质感设计，可以提高产品整体设计的适用性。例如，电子产品表面采用亚光塑料，一些产品操作部位采用凸凹纹路或覆盖橡胶材料。通过采用塑料、皮革等具有良好触感的材料，或增加纹路设计，既发挥了这些材料和设计的优势，又丰富了人们的触觉感受。如图2-2所示，相机的机身用金属制作，手持部分为仿皮革处理，有良好的触感，使人乐于触摸，便于握持。金属机身具有闪亮光泽，搭配皮革的暗色调，构成醒目的对比效果，既给人强烈的吸引力，又显示了产品的高品质。

图 2-2 相机

2．增加装饰性

良好的视觉质感设计，可以提高产品整体的装饰性。材料的色彩配置、肌理配置、光泽配置都是视觉质感设计，强烈的材质美感能够给人丰富的视觉质感和美的享受。

图 2-3 所示为苹果手机，其外框所用材料是钛合金，坚固轻巧，色彩炫目，再加上弧形边框和拉丝纹理设计，给产品带来高级感和时尚感，使其具有独特的视觉效果。

图 2-3 苹果手机

3．获得产品的多样性和经济性

良好的人为质感设计可以替代和补救自然质感，可以节约大量珍贵的自然材料，达到产品整体设计的多样性和经济性。例如，家居装修用大理石瓷砖代替天然大理石；用表面镀铜代替纯铜；墙纸或壁布，具有锦缎一般的质感。

如图 2-4 所示，将高档壁布用于家居装修，其具有天然锦缎般的质感，展示了精致、典雅的工艺美感，给人良好的居住体验。

4．塑造产品的精神品位

产品的精神品位即产品的意境。设计师只有熟悉各种材料的感觉特性及各种材料的对比效果，才能创造性地设计产品，实现从材质形象到产品意境的飞跃。

5．创造全新的产品风格

现代设计理念注重设计情趣和文化内涵，强调设计的个性特征，注重研究人的心态和生活方式，使设计更贴近生活。良好的质感设计可以充分挖掘材料的表达潜力，创造出全新的材质效果，既体现产品的个性，又满足人的情感需要。

图 2-4　将高档壁布用于家居装修

2.2　质感设计的形式美法则

　　质感设计应该遵循一定的形式美法则。形式美是在生活和自然中各种形式因素（包括几何要素、色彩、材质、光泽、形态等）的规律组合，是人们长期实践经验的积累。设计师在产品设计中，应该善于发现和发挥材料、工艺、结构等各个部分的美学因素，用形式美法则组织各种美感因素，达到形、色、质的完美统一。

2.2.1　调和与对比法则

1．调和

　　调和是使产品各个部位的质感统一和谐，目的是在异中求同，使人感到协调。当产品设计在材质、色彩、光泽等方面存在强烈对比的情况时，应该尽力寻求统一和调和，充分发挥各种美感因素的一致性，借助调和、主从、呼应等形式美法则来表达整体造型中不同美感因素间的内在联系，追求设计效果的和谐完美。

　　图 2-5 所示的钟表，底座采用少量黑色，其他部位都是白色，在色彩上形成对比。在钟表造型中有圆和半圆，长方形的一端又有圆弧，从而形成既有微妙变化又和谐统一的感觉，整体十分协调。

2. 对比

对比是使产品各个部位的质感有材质、工艺等方面的对比和变化，其特点是在差异中趋向于对立和变化。设计师在设计中可以强调各种美感因素中的差异性，通过对比、节奏、突出重点等形式美法则来展现整体造型中各种美感因素的多样变化。质感的对比丰富了产品的外观效果，具有较强的感染力，使人感觉鲜明、生动、醒目、振奋、活跃，从而产生丰富的心理感受。

图2-6所示的椅子材质相同，形态一致，但色彩对比强烈，给人活泼、醒目的感觉。

图2-5 钟表

图2-6 椅子

图2-7所示为镶嵌宝石的银首饰，银光洁清雅，宝石色彩鲜艳，两者形成强烈的质感对比，设计新颖别致。若产品使用同一种材料，则可对其表面进行各种处理，形成不同的质感效果，从而形成弱对比，如图2-8所示的木桌台。

好的产品设计既要有调和，又要有对比。调和与对比法则的实质是追求设计效果的和谐完美，在变化中求统一，在统一中求变化。

图2-7 镶嵌宝石的银首饰

图2-8 木桌台

2.2.2 主从律

主从律强调产品质感设计要有重点，即产品用材在排列组合时要突出中心，主从分明，把人的注意力引向最重要的地方；要恰当地处理既有联系又有区别的各个组成部分之间的主从关系，使主从相互衬托，从而加强产品的质感表现力。

设计师可以在选材、质感、加工工艺等方面，对产品主要部位和次要部位进行区别设计，用不同材质的质感对比来突出设计重点。

  图 2-9 所示的两款水壶，壶身采用金属，壶把手采用塑料，主从分明，是用非金属衬托金属的典型设计。图 2-10 所示的椅子，采用塑料椅面与金属椅腿搭配，是轻盈材质衬托较重材质的设计。图 2-11 所示的无线鼠标，其主体部分表面经过处理，具有金属高光质感，操作部分采用亚光橡胶，高光与亚光搭配，重点突出，体现了质感设计的主从律。

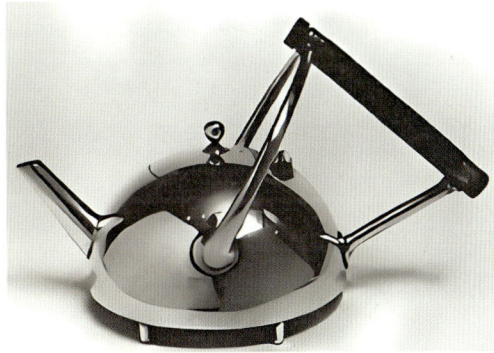

（a）自鸣水壶   （b）电镀茶壶

图 2-9　水壶

图 2-10　椅子   图 2-11　无线鼠标

2.2.3　适合律

  不同的材料有不同的性能特点，而且有独特的个性，设计师在质感设计中应该充分考虑每种材料的功能、个性和价值。不同材料的综合运用能够丰富人们的视觉和触觉感受，因此，设计师应该在充分了解材料内在美的基础上，选用适当的材料，实现对材料质感的和谐运用。

  如图 2-12 所示，电熨斗的主体部分采用耐腐蚀、导热性好、高光泽的不锈钢材料，把手部分采用隔热性好、不导电、密度小、易加工的塑料。设计师在电熨斗的不同部位选用不锈钢和塑料，充分发挥了两种材料的性能特点。

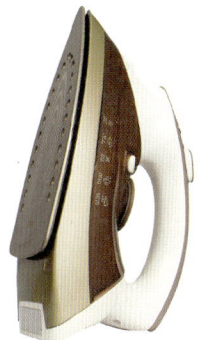

图 2-12　电熨斗

2.3 材料的美感

材料的美感与材料的组成、性质、表面结构及使用状态有关，主要通过材料的表面特征，如色彩、肌理、光泽、质地、形态等表现出来。不同的材料给人不同的触感、视感、心理感受、审美情趣等，人们通过视觉和触觉、感知和联想来体会材料的美感。

2.3.1 材料的色彩美感

1. 色彩的分类

材料的色彩主要包括天然色彩和人工色彩。

（1）天然色彩。

天然色彩是材料本身具有的色彩，不需要进行加工就具有的色彩，如大理石、花岗石、鹅卵石等天然石材，以及各类木材、竹材等的色彩。

（2）人工色彩。

人工色彩是根据造型要求和实际表现的对象，采用加工技术对材料进行色彩处理形成的色彩。人工色彩改变了材料自身本来的色彩，如木制品或金属制品表面涂装、纤维布染色、铝板彩色喷绘等。

2. 色彩的搭配

孤立的色彩难以产生强烈的美感，设计师运用色彩规律将色彩进行组合，产生明度对比、色相对比、面积效应、冷暖效应等，能够有效突出和丰富材料的色彩表现力。

图 2-13（a）所示为外星人笔记本电脑，黑白组合的色彩给产品带来活泼的、充满生机的感觉。图 2-13（b）所示为苹果笔记本电脑，采用黑灰色彩组合，相似的颜色给产品带来和谐、亲切、柔和的效果。图 2-13（c）所示为苹果旗下公司推出的头戴式无线蓝牙耳机，其颜色对比强烈，配色大胆，充分体现了新生代拥抱个性、展现自我的情感需求。

（a）外星人笔记本电脑　　　　（b）苹果笔记本电脑　　　　（c）苹果头戴式无线蓝牙耳机

图 2-13　不同产品的色彩美感

2.3.2　材料的肌理美感

肌理指材料本身的纹理、图案、凹凸，是天然材料和人工材料本身具有的、使人在视觉和触觉上能够感受到的一种表面材质效果。肌理是产品造型美的重要构成要素，在产品造型中具有很大的艺术表现力。

1.肌理的分类

肌理分为一次肌理和二次肌理。

（1）一次肌理。

材料自身具有的肌理称为一次肌理，产生于材料内部的天然构造，属于自然形态肌理。例如，天然石材粗犷的表面和多变的层状结构，阔叶树材细密的表面和自然美观、变化丰富的纹理等。

（2）二次肌理。

材料经过加工和表面处理形成的纹理称为二次肌理。其中，有的通过成型方法加工成各种凹凸形状和图案，如陶瓷面砖、玻璃砖、地毯、墙纸等；有的通过喷绘、喷砂、喷塑、喷绒、蚀刻等表面处理方法形成相应的肌理；有的通过机械加工形成加工纹理，如大理石和花岗岩等石材经过斧剁、锤凿后在表面形成粗糙的颗粒状肌理，金属制品经过切削加工后形成圆周或条纹状肌理；有的运用现代科技仿造自然纹理，如装修用的宝丽板、防火板仿造天然大理石的纹理。

2.肌理形态的组合方式

（1）相同肌理的材料组合。

相同肌理的材料进行组合，容易显得单调，应该在统一中求变化。通过对缝、碰角、压线，或设置不同的肌理走向、肌理微差、凹凸变化等，可以实现对相同肌理的组合与协调。

（2）相似肌理的材料组合。

相似肌理的材料，如胡桃木与梨木、水曲柳与柞木，它们都属于木质纹理，又微有差异。相似肌理的材料组合协调能够起到中介和过渡的作用，肌理的柔和变化可以使人在视觉心理上产生愉悦感、亲切感。

（3）对比肌理的材料组合。

对比肌理的材料组合，如鲜明肌理与隐蔽肌理、凹凸肌理与平面肌理、粗肌理与细肌理、横肌理与直肌理等对比运用，更容易产生肌理美感。但是，设计师在设计时应该注意有主有从，不能喧宾夺主。

图2-14（a）所示为电动缝纫机，其外壳材料采用了光滑细致的塑料与粗糙轻软的棉布。棉布削弱了塑料的机械感，增加了温馨的生活气息。两种材料颜色相近，但材质和肌理完全不同，产生相互烘托、交相辉映的肌理美感。图2-14（b）所示为台灯，灯罩和底座均采用塑料材质，白色的灯罩采用弯曲肌理，棕色的底座采用竖直肌理，色彩和肌理都形成强烈的对比，使设计更有美感。

（a）电动缝纫机

（b）台灯

图 2-14　不同肌理材料的搭配使用

2.3.3　材料的光泽美感

光是造就各种材料美的先决条件，离开光，材料就不能充分显现自身的美感。材料的光泽美感是人通过视觉感受获得某种情感、产生某种联想，从而形成对材料光泽的审美体验。

根据在光的照射下的表现，材料可以分为透光材料和反光材料。

1. 透光材料

透光材料受光后，能够被光线透射，呈现透明状或半透明状，给人轻盈、明快、开阔的感觉。玻璃是最常见的透光材料，如图 2-15 所示的玻璃杯。

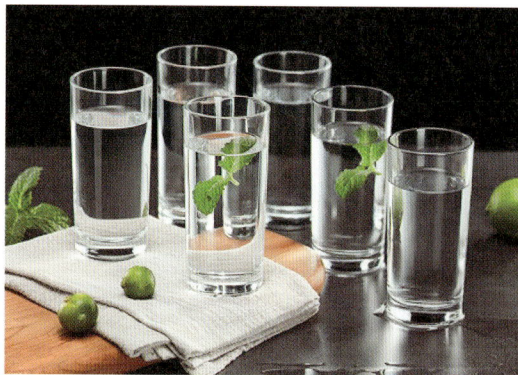

图 2-15　玻璃杯

2. 反光材料

反光材料受光后会反光，有定向反光和漫反光的区别。定向反光材料一般表面光滑，受光后反光明显，如大理石抛光面、金属抛光面等。该类材料给人生动、活泼之感。

漫反光材料通常表面粗糙，受光后表现为无光或亚光，如纺织品、橡胶、木制品、普通石材等，给人质朴、含蓄的感觉。

图 2-16 所示为一款镀金铝灯具，富有诗意。设计师利用反光的镀金铝来营造轻盈之感，灯具既似悬浮的云，又似光滑闪亮的丝带。作品充分运用了铝的轻盈和金的珍贵。图 2-17 所示为一款不锈钢果盘。果盘采用水滴产生波纹的造型，设计师利用不锈钢的反光，使"水滴"和"波纹"相互辉映，营造出一种灵动之感。

图 2-16　镀金铝灯具

图 2-17　不锈钢果盘

2.3.4　材料的质地美感

任何材料都有质地，材料的质地是材料内在的本质特征，由材料自身的成分、组织结构、物理和化学特性、感觉特性来体现，主要表现为材料的软硬、轻重、冷暖、干湿、粗细等。材质的不同决定了材料的独特性和相互间的差异性，给人不同的视觉和触觉感受。例如，石材坚固、凝重，木材质轻、朴实，金属贵重、坚硬，而纺织面料柔软、温暖。设计师在产品设计中应该注意材质的合理搭配，突出材质的美感。

1．相似材质的配置

相似材质的配置是两种或两种以上相似质地材料的组合配置。相似材质的搭配，给人和谐的感觉。如图 2-18 所示，玻璃壶的壶身为耐热的高硼硅玻璃，把手、壶盖和底座为隔热塑料。玻璃和塑料材质不同，但都呈现出细腻、光洁的质感，两者搭配在一起，产品整体给人和谐、平稳、柔和的感觉。

2．对比材质的配置

对比材质的配置是两种或两种以上截然不同的材质的组合配置。坚硬、粗犷、闪光、凹凸、纹理鲜明的材料，如金属、镜面、水晶等，具有对视觉的诱惑力，引人注目。柔软、细腻、平滑、无光的材料，如喷砂玻璃面、刨切木材面、混凝土面和一般织物面，材料质地柔和，给人纯朴、大方和素雅的感觉，在空间中起抑制作用。不同材质的材料合理搭配使用，可以相互衬托出彼此的美感，增强空间层次感，使主从关系明晰，主宾相辅相成。

图 2-19 所示的玉石及其挂绳，是典型的对比材质的搭配。光滑坚硬的玉石搭配柔软朴实的挂绳，挂绳的粗糙、朴实无华衬托出玉的光洁、贵重和闪耀，主从分明，相得益彰。

图 2-18　玻璃壶

图 2-19　玉石及其挂绳

2.3.5　材料的形态美感

设计材料的形态通常分为线材、片材和块材，不同的材料形态蕴含不同的信息和情感。如图 2-20 所示，线材修长优美、灵活多变；片材既有线材的特征，又有一定的延伸感；块材稳定扎实，具有重量感、充实感和较强的视觉表现力。

图 2-20　线材、片材和块材的造型

设计师在进行产品设计时，既可以单独采用某种形态的材料，充分展现其独特美感，又可以将不同形态的材料组合在一起。图 2-21 和图 2-22 分别是线材和片材、线材和块材的造型组合。只要符合形式美法则，满足视觉层次的要求，充分发挥材料的特性，就能使不同形态的材料相互衬托，带给使用者全新的视觉质感体验。

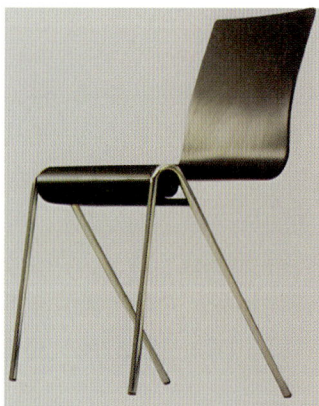

图 2-21　线材和片材的造型组合

图 2-22　线材和块材的造型组合

综上所述，材料的美感一方面来自材料自身固有的物质特征形式，如木材的温馨自然、金属的高贵凝重、塑料的柔顺平和、玻璃的透明光滑，另一方面来自对材料的合理选择利用、巧妙的搭配组合和精心的工艺加工。在造型设计中，设计师应该充分考虑材料的不同特性，选择合适的材料，对材料进行巧妙的组合，使其各自的美感得以体现，从而使设计形式与材料性能一致，实用功能与审美价值统一。

思考题

1. 什么是材料的感觉特性？
2. 什么是触觉质感？
3. 什么是视觉质感？
4. 影响材料感觉特性的相关因素有哪些？
5. 质感设计有什么作用？
6. 什么是质感设计的形式美法则？

第3章

金属与工艺

　　金属是产品设计使用的主流材料。金属和人类的关系悠久而深远，最早可以追溯到金器制造和青铜器制造时代。随着冶炼技术的发展，人类进入铁器时代。近现代，人类逐渐使用铝合金和镁合金。金属发展到今天，已经不限于满足人类传统对强度的需要，而是以更加卓越的性能拓展了使用范围，兼做结构材料和功能材料。

　　金属具有优良的使用性能和工艺性能，应用十分广泛。在日常生活和工业生产中，小到锅、勺、刀、剪等家庭用品，大到机器设备、交通工具、大型建筑物，都离不开金属。所以，人们把金属的生产和使用作为衡量一个国家工业水平的标志。金属在现代工业产品设计材料中占据中心地位。

3.1 金属的结构与组织

　　产品设计选用什么材料，主要取决于材料的性能，而材料的性能是由材料的化学成分和其内部的组织结构决定的。

3.1.1 晶体与非晶体

　　自然界的固体按照原子（离子或分子）的聚集状态可以分为晶体和非晶体两大类。原子（离子或分子）在三维空间有规则地周期性重复排列的固体称为晶体，如天然金刚石、水晶等；原子（离子或分子）在三维空间无规则排列的固体称为非晶体，如玻璃。固态金属在通常情况下为晶体。

晶体在一定压力下有固定的熔点，非晶体没有固定的熔点，只有一个软化温度范围。

晶体具有各向异性，即晶体在不同方向上的性能不同。这是由于在晶体内不同方向上原子排列的密度不同，它们之间的结合力大小也不相同。非晶体在各个方向上性能完全相同，表现为各向同性。

实际使用的金属通常是多晶体，由许多晶粒组成，每个晶粒在空间分布的方向不同，因而在宏观上各个方向的性能趋于相同，使其各向异性不显示出来。

3.1.2 金属的晶体结构

晶体中原子（离子或分子）规则排列的方式称为晶体结构，如图 3-1（a）所示。为了便于研究，假设通过原子的中心画出许多直线，这些直线形成空间格架，称为晶格，如图 3-1（b）所示。晶格也称为晶体点阵。晶格的结点为原子平衡中心的位置。从晶格中选取一个能够完全反映晶格特征的、具有代表性的最小的几何空间单元作为点阵的组成单元，这个基本单元称为晶胞，如图 3-1（c）所示。晶胞在三维空间中重复排列，构成晶格。

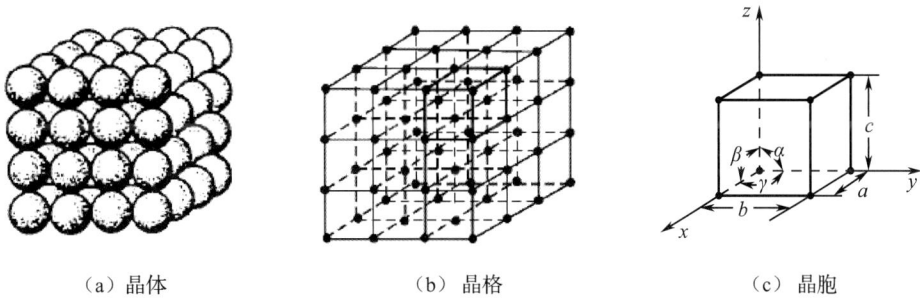

（a）晶体   （b）晶格   （c）晶胞

图 3-1　晶体中原子排列示意图

金属的原子之间通过较强的金属键结合，因为金属键具有无饱和性和无方向性的特点，所以金属原子趋于紧密排列，构成具有高对称性的简单晶体结构。在金属元素中，约有 90% 的金属晶体结构属于体心立方晶格、面心立方晶格和密排六方晶格中的一种。

1. 体心立方晶胞

如图 3-2（a）所示，体心立方晶格的晶胞，8 个原子处于立方体的角上，1 个原子处于立方体的中心。角上的 8 个原子与中心原子紧靠，并同时属于 8 个相邻的晶胞。

2. 面心立方晶胞

如图 3-2（b）所示，面心立方晶格的晶胞，金属原子分布在立方体的 8 个角上和 6 个面的中心。角上的 8 个原子同时属于 8 个相邻的晶胞，面中心的原子同时属于相邻的 2 个晶胞。

3. 密排六方晶胞

如图 3-2（c）所示，密排六方晶格的晶胞，12 个原子分布在正六方体的 12 个角上，上下底面的中心各有一个原子，上下底面之间均匀分布 3 个原子。与体心立方晶胞和面心立方晶胞一样,密排六方晶胞顶角处的原子为几个晶胞共有,晶面上的原子同时属于 2 个相邻的晶胞,只有晶胞内的原子才单独为一个晶胞所有。

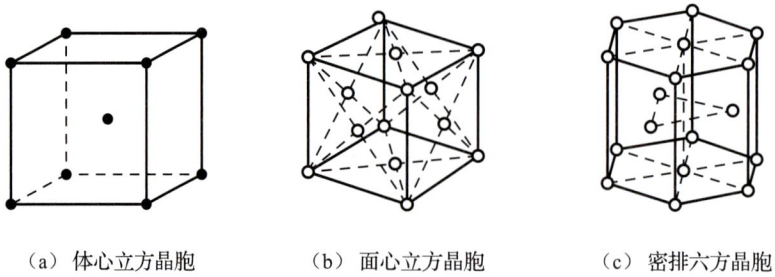

（a）体心立方晶胞　　　　（b）面心立方晶胞　　　　（c）密排六方晶胞

图 3-2　金属的晶体结构

3.1.3　实际金属的晶体结构

在实际情况中,金属往往存在缺陷。按照几何特征,金属的缺陷可以分为点缺陷、线缺陷、面缺陷。点缺陷主要是空位和间隙原子,线缺陷主要是位错,面缺陷主要是晶界。

1. 空位和间隙原子

在晶体的晶格中,若某个结点上没有原子,则称该结点为空位。间隙原子是位于晶格间隙之中的原了。在空位和间隙原了的附近,原了间作用力的平衡被破坏,使其周围的原了离开原来的平衡位置,发生靠拢和被撑开的不规则排列,这种现象被称为晶格畸变,如图 3-3 所示。晶格畸变会导致合金强度、硬度上升,塑性、韧性有所下降。

2. 位错

在晶体中某处有一列或若干列原子发生有规律的错排现象,该类现象称为位错。位错是由于晶体中原子平面错动而形成的线型缺陷。位错的尺度很小,只有在高倍电子显微镜下才能看到,如图 3-4 所示。位错对合金的力学性能影响很大,主要表现是位错的密度越高,合金的强度越高。位错对合金的塑性变形也有很重要的影响。

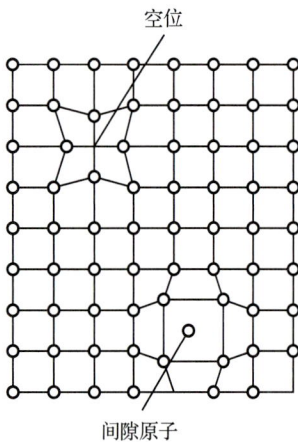

空位

间隙原子

图 3-3　晶格畸变

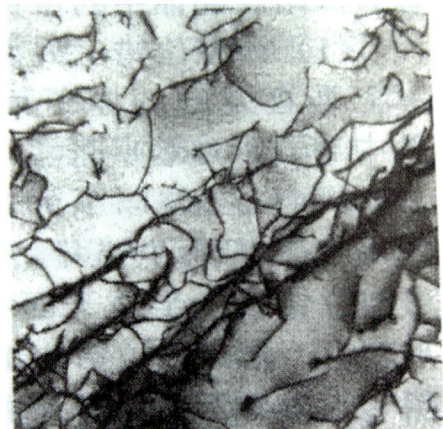

图 3-4　用电子显微镜观察到的钛合金中的位错线

3. 晶界

实际的金属是多晶体，是由大量外形不规则的小晶粒组成的，晶粒与晶粒之间的接触面叫晶界，如图3-5所示。晶界在空中呈网状，晶界上的原子排列不规则。晶界对合金的力学性能影响很大，常温使用的金属，通常晶粒越细小，晶界越多，力学性能越好。图3-6所示为铁素体的显微组织，晶界清晰可见。

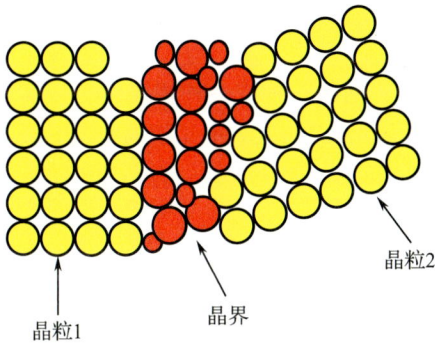

图 3-5　晶界

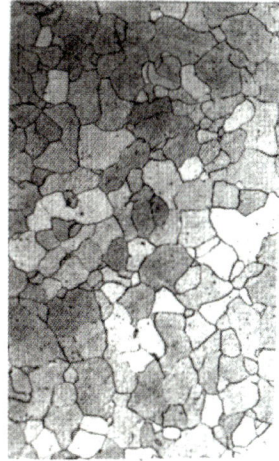

图 3-6　铁素体的显微组织

3.1.4　合金的晶体结构

一种金属元素同另一种或几种其他元素，通过熔化或其他方法结合在一起形成的具有金属特性的物质称为合金。组成合金的最基本的、独立的物质叫作组元。组元通常是纯元素，也可以是稳定的化合物。由两个组元组成的合金称为二元合金，如产品设计常用的铁碳合金、铝镁合金、铜锌合金等。

在金属或合金中，具有一定化学成分和一定晶体结构的均匀组成部分叫作相。固态合金中有固溶体和金属化合物两种基本相。

1. 固溶体

合金组元通过溶解形成一种成分和性能均匀的，且晶格结构与组元之一相同的固相，称为固溶体。与固溶体晶格相同的组元为溶剂，另一个组元为溶质。例如，在铜锌合金中，锌溶入铜中形成固溶体，铜为溶剂，锌为溶质。固溶体习惯以 α、β、γ 表示，是合金的重要组成相，实际合金大多数是单相固溶体合金或以固溶体为基的合金。

按照溶质原子在溶剂中分布情况的不同，固溶体可以分为间隙固溶体和置换固溶体。溶质原子处于溶剂晶格空隙中的固溶体称为间隙固溶体。溶剂晶格中的某些结点位置被溶质原子取代的固溶体称为置换固溶体。

在一定的温度和压力等条件下，溶质在固溶体中的极限浓度称为溶质在固溶体中的溶解度。随着溶质原子的溶入，固溶体晶格发生畸变。晶格畸变随溶质原子浓度的增加而增大，这种特性有利于提高合金的强度和硬度。这种通过形成固溶体使金属强度和硬度提高的现象称为固溶强化。

2．金属化合物

合金组元相互作用形成晶格类型和性能完全不同于任何组元的新相，称为金属化合物，又叫金属间化合物或中间相。

金属化合物的性能特点是高熔点、高硬度和高脆性，其在合金中一般作为强化相并分布在固溶体基体上来提高合金的强度和硬度。多数工业合金为固溶体和少量金属化合物构成的混合物。在铁碳合金中，渗碳体（Fe_3C）是重要的金属化合物。

3.1.5　金属的组织

用金相观察法看到的由形态、尺寸和分布方式不同的一种或多种相构成的总体，以及各种材料缺陷和损伤，叫作组织。用光学显微镜或电子显微镜观察到的组织通常叫显微组织。

合金是什么样的组织主要取决于其化学成分，也和制造工艺有关。合金的组织不一样，其性能也不一样。

3.2　金属的性能

材料是产品的物质基础，材料的性能是产品设计时选择材料的主要依据。金属的性能分为使用性能和工艺性能。工艺性能指的是金属从冶炼到成品的生产过程中在各种加工条件下表现出来的性能，主要包括铸造性能、锻造性能、焊接性能、热处理性能和切削加工性能。金属的工艺性能将在 3.4 节中阐述。金属的使用性能指的是金属制品在使用条件下表现出来的性能。金属的使用性能决定了它的使用范围。使用性能包括物理性能、化学性能和力学性能。

3.2.1　金属的物理性能

金属具有特有的颜色和金属光泽，不透明。金属的物理性能通常包括密度、熔点、导热性、热膨胀性、导电性、磁性等。

1．密度

金属的密度是单位体积金属的质量，单位为 kg/m^3。根据密度的大小，金属分为轻金属和重金属。密度小于 5 g/cm^3 的金属叫作轻金属，常见的有铝、镁、钛等金属及其合金。轻金属是产品设计常用的金属。

2．熔点

金属从固态向液态转变时的温度称为熔点，各种金属都有固定熔点。熔点低于 1000 ℃的金属称为低熔点金属，熔点在 1000 ~ 2000 ℃的金属称为中熔点金属，熔点高于 2000 ℃的称为高熔点金属。目前已知熔点最高的金属是钨，熔点约为 3400 ℃，钢的熔点为 1538 ℃；铅的熔点为 323 ℃。

3. 导热性

金属传导热量的能力称为导热性。一般用热导率(导热系数)表示金属导热性能的优劣。热导率大的金属，导热性能好。一般来说，金属的导热性比非金属好，导热性最好的金属是银，其次是铜、铝。导热性好的金属散热也好，可以用来制造散热器零件，如冰箱、空调的散热片。

4. 热膨胀性

金属受热时体积增大，冷却时收缩，这种现象称为热膨胀性。各种金属的热膨胀性不同，在实际工作时必须考虑热膨胀性的影响。例如，精密测量工具应该选用热膨胀系数较小的金属制造；在铺设铁轨、架设桥梁、金属加工过程中测量尺寸等都要考虑热膨胀的因素。

5. 导电性

金属传导电流的性能称为导电性。银的导电性最好，铜、铝次之。在工业上，铜、铝是常用的导电材料。导电性差的高电阻率材料，如铁铬铝（Fe-Cr-Al）合金、镍铬（Ni-Cr）合金、康铜（Cu-Ni-Mn）合金等，用于制造仪表零件或电热元件。各类电炉、烤箱中的加热材料常为铁铬铝合金、镍铬合金。

6. 磁性

金属导磁的性能称为磁性。具有导磁能力的金属都能被磁铁吸引。铁、钴、镍为铁磁性材料（在外磁场中能强烈地被磁化），锰、铬为顺磁性材料（在外磁场中只能微弱地被磁化），铜、锌为抗磁性材料（能抗拒或削弱外磁场对材料本身的磁化作用）。

对某些金属来说，磁性不是固定不变的。例如，铁在 770 ℃以上没有磁性或顺磁，在 770 ℃以下是铁磁性。

铁磁性材料用于制造变压器、电机铁心和测量仪表零件等；抗磁性材料用于制造要求避免磁场干扰的零件。

3.2.2　金属的化学性能

金属的化学性能是指金属在化学作用下表现出来的性能。

1. 耐蚀性

金属在常温下抵抗氧、水蒸气及其他化学介质腐蚀作用的能力，称为耐蚀性。碳钢、铸铁耐蚀性较差，不锈钢、铜合金、铝合金、钛合金等耐蚀性较好。

2. 抗氧化性

金属抵抗氧化作用的能力称为抗氧化性。金属在进行锻造、热处理、焊接等加热作业时，会发生氧化和脱碳，造成材料损耗和缺陷。因此，通常通过输入还原气体或保护气体来避免金属氧化。

3．化学稳定性

化学稳定性是耐蚀性和抗氧化性的总称。金属在高温下的化学稳定性称为热稳定性。

3.2.3　金属的力学性能

金属的力学性能是指金属在受到外力作用时表现出来的性能，也称为机械性能，主要有强度、塑性、硬度、冲击韧性、疲劳强度等。

1．强度

强度是金属在力的作用下，抵抗塑性变形或断裂的性能。根据载荷的不同，强度可以分为抗拉强度、抗压强度、抗弯强度等多种。其中，抗拉强度通过拉伸试验测定。图 3-7 所示为低碳钢拉伸试样拉伸前后的对比，图 3-8 所示为低碳钢拉伸力 - 伸长曲线。

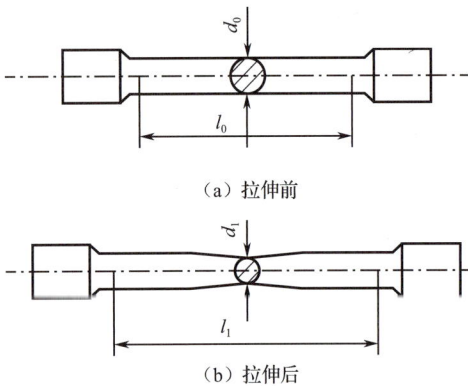

图 3-7　低碳钢拉伸试样拉伸前后的对比

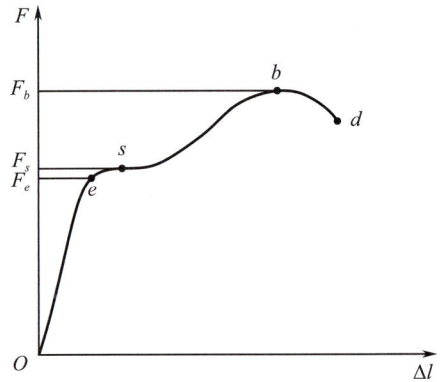

图 3-8　低碳钢拉伸力 - 伸长曲线

如图 3-8 所示，低碳钢拉伸曲线表现出以下几个变形阶段。

Oe：弹性变形阶段。试样的变形量与外加载荷成正比。载荷卸掉后，试样恢复到原来的尺寸。

es：屈服阶段。试样此时不仅有弹性变形，还发生了塑性变形。载荷卸掉后，一部分变形恢复，还有一部分变形不能恢复。不能恢复的变形称为塑性变形。

sb：强化阶段。载荷增大，试样继续变形。随着塑性变形增大，材料的变形抗力也在增大。

bd：缩颈阶段。当载荷达到最大值时，试样的直径发生局部收缩，称为缩颈。此时变形所需的载荷逐渐降低。

d 点：试样发生断裂。

金属的强度指标包括屈服强度和抗拉强度。

（1）屈服强度 σ_s 是材料发生微量塑性变形时的应力值，用下式计算：

$$\sigma_s = F_s/A_0$$

式中，σ_s——试样产生屈服时的应力，单位 MPa；

　　　F_s——试样屈服时承受的最大载荷，单位 N；

　　　A_0——试样原始截面积，单位 mm^2。

（2）抗拉强度 σ_b 指材料断裂前承受的最大应力值，用下式计算：

$$\sigma_b = F_b/A_0$$

式中，σ_b——试样在受拉时所能承受的最大应力，单位 MPa；

$\quad\quad F_b$——试样被拉断前承受的最大载荷，单位 N；

$\quad\quad A_0$——试样原始截面积，单位 mm^2。

零件在工作时，通常不允许发生塑性变形，更不允许发生断裂。因此，屈服强度和抗拉强度是零件设计和选材的重要依据。

2. 塑性

塑性是金属在外力作用下产生塑性变形而不被破坏的能力，常用断后伸长率和断面收缩率来表示，值愈大，材料的塑性愈好。塑性好的金属可以发生较大的塑性变形而不被破坏，这种材料便于通过各种压力加工获得复杂形状的零件。

（1）断后伸长率是在拉伸试验中，试样被拉断后，标距的伸长与原始标距的百分比，用符号 δ 表示，如下式所示：

$$\delta = \frac{\Delta l}{l_0} = \frac{l_1 - l_0}{l_0} \times 100\%$$

式中，l_1——试样拉断后的标距，单位 mm；

$\quad\quad l_0$——试样的原始标距，单位 mm；

$\quad\quad \Delta l$——伸长量，单位 mm。

（2）断面收缩率是试样被拉断后，缩颈处截面积的最大缩减量与原横断面积的百分比，用符号 φ 表示，如下式所示：

$$\varphi = \frac{\Delta S}{S_0} = \frac{S_0 - S_1}{S_0} \times 100\%$$

式中，S_1——试样被拉断后缩颈处最小截面积，单位 mm^2；

$\quad\quad S_0$——试样的原始截面积，单位 mm^2；

$\quad\quad \Delta S$——试样缩颈处截面积的最大缩减量，单位 mm^2。

3. 硬度

硬度是材料抵抗其他物体压入其表面的能力，是材料重要的综合力学性能指标。材料的硬度一般在硬度试验机上测定，工程上常用的硬度表示方法有布氏硬度、洛氏硬度和维氏硬度，其单位符号分别是 HBW、HR、HV。用不同方法测得的硬度值之间可以通过查表的方法进行换算。

除此之外，硬度的表示方法还有显微硬度、肖氏硬度、莫氏硬度等。材料的种类、形状、薄厚、大小及硬度不同，应该使用不同的测试方法。布氏硬度、洛氏硬度、维氏硬度是金属常用的硬度表示方法，莫氏硬度常用于表示陶瓷和玻璃的硬度。

4. 冲击韧性

很多零件在工作中承受冲击载荷，此时应该考虑材料抵抗冲击载荷的能力。冲击韧性指的是材料在冲击载荷的作用下抗变形和抗断裂的能力，用 a_k 表示。冲击韧性是材料强度和塑性的综合表现。

冲击韧性 a_k 采用摆锤式冲击试验机测定。冲击试样如图 3-9 所示，带有 U 形或 V 形缺口。试验时，使处于一定高度的摆锤自由落下，将试样冲断，测得试样冲击吸收能量 A_k。用冲击吸收能量 A_k 除以试样缺口处面积 S_0 即得到冲击韧性 a_k，如下式所示：

$$a_k = A_k / S_0$$

式中，a_k——冲击韧性，单位 J/m^2；

A_k——试样被冲断时吸收的能量（从刻度盘读出），单位 J；

S_0——试样缺口处截面积，单位 m^2。

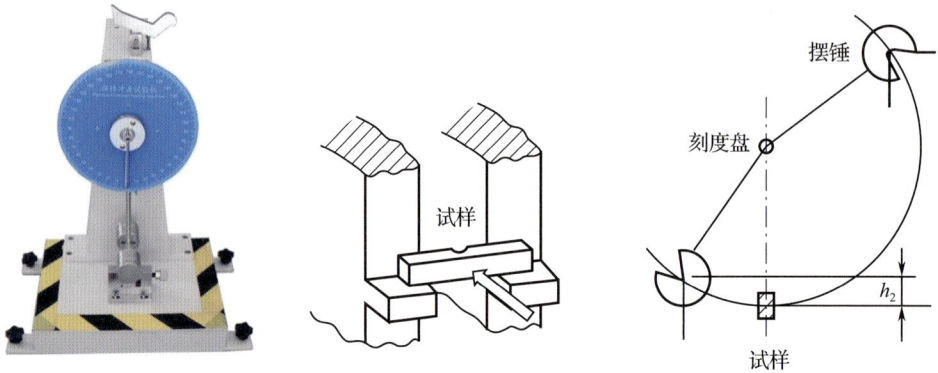

图 3-9 冲击试验机、试样安放位置及冲击试验原理示意图

5. 疲劳强度

有时零件在工作中承受交变应力，即力的大小和方向随时间呈周期性循环变化的应力。材料在交变应力作用下发生的断裂称为疲劳断裂。零件在规定次数应力循环后仍然不发生断裂的最大应力称为疲劳强度，也称为疲劳极限，用 σ_{-1} 表示，单位 MPa。

一般认为，疲劳断裂的产生是由于材料内部有缺陷、表面划痕及其他能够引起应力集中的缺陷，导致微裂纹产生，微裂纹随应力循环次数的增加而逐渐扩展，使零件的有效承载面积减少，直到不能承受载荷而断裂。

零件在载荷并没有达到屈服强度的情况下无预兆地发生断裂，对财产和人员安全威胁很大，因此必须予以重视。提高强度、改善材料的形状结构、减少表面缺陷、提高表面光洁度、进行表面强化等方法可以提高材料的疲劳强度。承受交变载荷的零件只有经过检验合格才能投入生产使用。

3.3 产品设计中常用的金属

3.3.1 产品设计中常用的黑色金属

黑色金属主要指铁和以铁为基的合金，如各类钢和铸铁。

1. 纯铁

纯铁具有同素异构转变现象。同素异构转变是金属在固态下随温度改变，由一种晶格转变为另一种晶格的现象。

图 3-10 所示为纯铁同素异构转变示意图。铁在 1538 ℃结晶之后，随温度下降有三种同素异构状态，分别是 δ-Fe、γ-Fe、α-Fe。温度继续下降，α-Fe 不再发生同素异构转变，但在 770 ℃会产生磁性转变，由高温的顺磁性转变为低温的铁磁性状态，该温度称为铁的居里点。

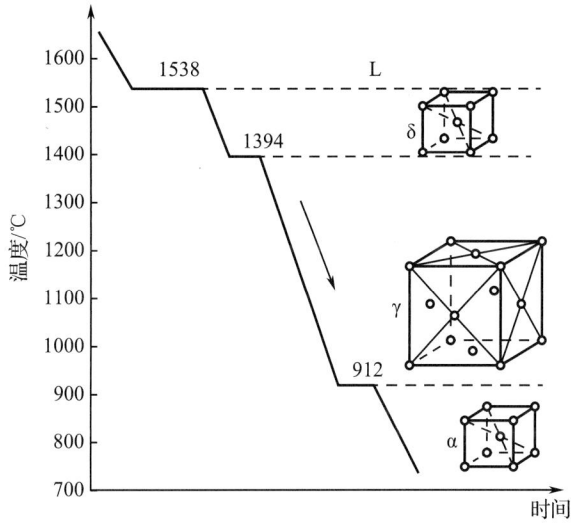

图 3-10　纯铁同素异构转变示意图

纯铁具有铁磁性及高的磁导率，可用于制造各种仪器仪表的铁心。因为铁的强度低，所以通常不用来制造有强度要求的结构和外观材料。纯铁性能有一定的局限性，不能满足各种使用场合的要求，在工业生产中应用更为普遍的是铁的合金。例如，碳钢和铸铁就是由铁和碳组成的铁碳合金。图 3-11 所示为铁碳合金相图。相图是用图解的方式表示合金系中合金的状态、组织、温度和成分之间的关系，能够直观地体现出合金系中不同成分合金在不同温度下，是由哪些相组成的，以及这些相之间的平衡关系。

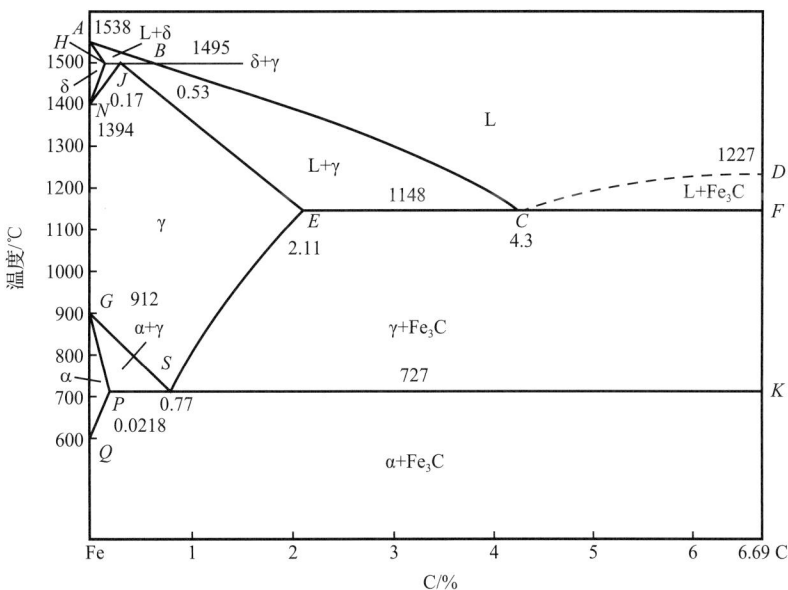

图 3-11　铁碳合金相图

在铁碳合金中，铁和碳两种元素会相互作用，形成固溶体或金属化合物。碳原子溶入 α-Fe 晶格的间隙中形成的间隙固溶体，称为铁素体，用符号 F 或 α 表示。碳原子溶入 γ-Fe 晶格间隙中形成的间隙固溶体，称为奥氏体，用符号 A 或 γ 表示。铁和碳相互作用还可以形成金属化合物，即渗碳体（Fe_3C）。

2. 铸铁

铸铁是含碳量大于 2.14% 的铁碳合金，主要由铁、碳、硅、锰、硫、磷等元素组成。铸铁具有优良的铸造性、切削加工性、减摩性、吸震性和较低的缺口敏感性，加之其熔炼铸造工艺简单，价格低廉，所以是重要的产品造型材料之一。

碳在铁碳合金中主要有两种形式，游离态（石墨）和化合态（渗碳体）。根据碳在铸铁中存在形式的不同，铸铁可以分为三类，即灰口铸铁、白口铸铁、麻口铸铁。

灰口铸铁，全部或大部分的碳以石墨的形式存在，断裂时断口呈暗灰色。白口铸铁，全部或大部分的碳以渗碳体的形式存在，断裂时断口呈白色。麻口铸铁，碳以渗碳体和石墨两种形式存在，因此零件断口呈麻点状。

根据铸铁中石墨形态的不同，铸铁又可以分为以下几类。

（1）灰铸铁。

灰铸铁中的石墨以片状形式存在。普通灰铸铁的石墨呈粗片状，对基体割裂作用较大，因此抗拉强度、塑性、韧性较差。但是，灰铸铁的抗压强度受石墨的影响较小，这对于灰铸铁的合理应用很重要。由于石墨的存在，灰铸铁具有优良的减振能力，并具有良好的耐磨性能。在生产中，灰铸铁常用于制造机床床身、机器底座、导轨、制动片等。图 3-12 所示为灰铸铁制动片。

图 3-12　灰铸铁制动片

为了提高普通灰铸铁的力学性能，在生产中通常对其进行孕育处理，即在普通灰铸铁的铁液中加入硅铁或硅钙等孕育剂，用来细化片状石墨，从而获得力学性能更好的孕育铸铁。

（2）球墨铸铁。

在普通灰铸铁的铁液里加入球化剂，使石墨成球状，再进行浇注，将得到球墨铸铁。球墨铸铁具有较高的综合力学性能，是最重要的铸造金属，可用于制造受力复杂、负荷较大的零件，如曲轴、连杆、凸轮轴、受压阀门、缸套等。图 3-13 所示为球墨铸铁凸轮轴。

（3）可锻铸铁。

将白口铸铁长时间石墨化退火，渗碳体分解成团絮状石墨，即可得到可锻铸铁。可锻铸铁具有较高的强度和塑性、韧性，可用于制造管接头、汽车后桥外壳等易受冲击和振动的零件。

图 3-13　球墨铸铁凸轮轴

（4）蠕墨铸铁。

普通灰铸铁的铁液在浇注前加入蠕化剂，使石墨成蠕虫状，就可以得到蠕墨铸铁。蠕墨铸铁石墨的形状介于片状和球状之间，其力学性能也介于普通灰铸铁和球墨铸铁之间。但是，该类铸铁具有优于其他铸铁的抗热疲劳性能，所以常用于制造受热部件，如热锻模、炉衬板等。

在上述四种铸铁中，以普通灰铸铁的强度最低，塑性和韧性最差。随着石墨形状从片状变为团絮状和球状，铸铁的强度逐渐提高。球墨铸铁的强度可以与中碳钢的强度相当，有的类型球墨铸铁的强度甚至超过碳钢。

铸铁的牌号由铸铁种类的汉语拼音首字母加力学性能组成。例如，HT200 中的"HT"是"灰铁"的汉语拼音的第一个字母，后面的三位数字代表最小抗拉强度。QT400-17 是球墨铸铁，最低抗拉强度为 400 MPa，延伸率为 17%。而黑心可锻铸铁 KTH300-06 的最低抗拉强度为 300 MPa，延伸率为 6%。

3. 钢

碳的质量分数为 0.02% ~ 2.11% 的铁碳合金称为钢。钢的种类很多，为便于生产、使用和研究，可以按照化学成分、质量和用途对钢进行分类。按照化学成分的不同，钢可以分为碳素钢和合金钢。

（1）碳素钢。

碳素钢简称碳钢。为了保证韧性和塑性，碳钢含碳量一般不超过 1.3%。碳钢按照含碳量可以分为低碳钢、中碳钢和高碳钢。

① 低碳钢（含碳量 0.25% 以下）又称软钢，强度低，塑性和韧性好，焊接性能好，常用于制造受力不大的冲压件、焊接件、紧固件，也可以在渗碳之后用于制造强度要求不高的耐磨件，如凸轮、销子等。

② 中碳钢（含碳量 0.25% ~ 0.6%）强度、塑性、韧性适中，综合力学性能好，适用于制造各种机械零件，如连杆、曲轴、齿轮、凸轮等。

③ 高碳钢（含碳量 0.6% 以上）的强度和硬度高，塑性和韧性差，耐磨，适用于制造要求具有较高强度或弹性极限的零件，如刀具、弹簧等。

碳钢按照用途可以分为碳素结构钢和碳素工具钢。碳钢典型种类，如表 3-1 所示。

① 碳素结构钢包括普通碳素结构钢和优质碳素结构钢。

普通碳素结构钢中的有害杂质相对较多，但力学性能较好，基本能够满足工程用钢的性能要求，加之冶炼简单，价格便宜，因此使用量很大。普通碳素结构钢大多用于制造要求不高的机械零件和一般工程构件，通常轧制成钢板或各种型材供应。普通碳素结构钢常见钢号有 Q195、Q215、Q235 等，字母 Q 表示屈服强度。例如，Q235 表示屈服强度为 235 MPa 的普通碳素结构钢。

优质碳素结构钢中的有害杂质比较少，强度、塑性、韧性均比普通碳素结构钢好，主要用于制造较重要的机械零件，使用前一般都要经过热处理。优质碳素结构钢的钢号是用钢中平均碳质量分数的两位数字表示的，单位是万分之一，常见钢号有 20、45、65 等。

表 3-1 碳钢典型种类

碳钢类别	典型牌号	常见用途
普通碳素结构钢	Q195、Q215、Q235	螺钉、垫圈、冲压件、桥梁结构件等
优质碳素结构钢	20、45、65	连杆、曲轴、齿轮、弹簧等
碳素工具钢	T8、T10、T12	木工刀具、螺丝刀、板牙等

② 碳素工具钢含碳量较高（0.65% ~ 1.3%），硫、磷杂质含量较低。碳素工具钢经淬火和低温回火后硬度比较高，耐磨性好，但塑性较低，而且红硬性低，工作温度不超过 200 ℃，主要用于制造各种低速切削刀具、量具和模具。图 3-14 所示为用碳素工具钢制作的锉刀和丝锥。碳素工具钢的钢号用平均碳质量分数的千分数的数字表示，数字之前冠以字母"T"，表示碳素工具钢。碳素工具钢的常见钢号有 T8、T10、T12 等。高级优质钢在钢号后面加"A"，如 T8A。

图 3-14 用碳素工具钢制作的锉刀和丝锥

（2）合金钢。

碳钢价格低廉，加工简单，通过热处理得到不同的性能来满足生产和生活的各种需要，因此应用极为广泛。但是，碳钢在性能上有局限性。例如，碳钢的强度较低，在抗氧化、耐腐蚀、耐热、耐低温、耐磨，以及电磁性能等方面也很差，不能满足特殊的使用性能要求。因此，人们在碳钢中加入硅、锰、铬、镍等合金元素，生产出合金钢。合金钢具有良好的力学性能和某些特殊的物理化学性能。

按照合金元素的含量多少，合金钢可以分为低合金钢（合金元素含量在 5% 以下）、中合金钢（合金元素含量 5% ~ 10%）、高合金钢（合金元素含量在 10% 以上）；按照主加合金元素的种类，合金钢可以分为铬钢、镍钢、锰钢、硅钢等；按照用途，合金钢可以分为合金结构钢、合金工具钢、特殊性能钢。特殊性能钢包括不锈钢、耐热钢、耐磨钢等。

合金钢按照碳质量分数、合金元素种类和质量分数、质量级别来编号。

合金结构钢以万分之一、合金工具钢以千分之一为单位的数字表示碳质量分数。合金工具钢的碳质量分数超过 1% 时，碳质量分数不标出，高速钢无论含碳量是多少都不标出。不锈钢用万分之一为单位的数字表示碳质量分数。

合金钢用元素化学符号表示钢中合金元素，合金元素后面的数字表示该元素平均质量分数的百分数。合金元素后面没有数字，说明该种合金的平均质量分数低于1.5%。例如，40Cr的含碳量为万分之四十，即0.4%，主加合金元素Cr的质量分数在1.5%以下。滚动轴承钢的钢号前冠以"G"，其后是Cr+数字，数字表示铬质量分数的千分之几。

① 合金结构钢主要包括低合金高强度钢、合金调质钢、合金弹簧钢、合金渗碳钢、滚动轴承钢等。

其中，低合金高强度钢主要用于各种工程结构。该类钢的特点是含碳量低，合金元素含量低，强度高，韧性和塑性好，并具有较好的焊接性能。低合金高强度钢的常用钢种有16Mn、09Mn2、09MnV等。例如，车辆的转向架通常采用16Mn类低碳钢，桥梁用钢也往往选用该类钢。武汉长江大桥使用普通碳素结构钢Q235建造。图3-15所示为南京长江大桥，采用强度较高的低合金高强度钢Q345（16Mn）建造。九江长江大桥则采用强度更高的合金结构钢Q420（15MnVN）建造。

图3-15　南京长江大桥

合金调质钢、合金弹簧钢、合金渗碳钢、滚动轴承钢等主要用于制造机器零件，这些钢在含碳量、合金元素、热处理、用途等方面均有各自的特点，其典型钢种常用热处理方式及用途如表3-2所示。

表3-2　合金结构钢典型钢种常用热处理方式及用途

类　　别	典型钢种	常用热处理方式	常见用途
合金调质钢	40Cr、40MnB	淬火＋高温回火	汽车齿轮、转向节等
合金弹簧钢	65Mn、60Si2Mn	淬火＋中温回火	弹簧、汽车板簧
合金渗碳钢	20Cr、20CrMnTi	渗碳＋淬火＋低温回火	齿轮、轴
滚动轴承钢	GCr15	淬火＋低温回火	滚动轴承

② 合金工具钢按照用途分为合金刃具钢、合金模具钢、合金量具钢。

● 合金刃具钢包括低合金刃具钢和高速钢。

低合金刃具钢是在碳素工具钢中加入少量合金元素（低于3%）形成的。该类钢的硬度高，红硬性高于碳素工具钢，但工作温度一般不超过260 ℃。该类钢的典型钢种有9SiCr，常用于制造木工工具、低速切削工具，如钻头、丝锥、板牙、车刀等。

高速钢是一种高碳含量、高合金元素含量的刃具钢，其中包含钨、铬、钼、钒等合金元素，总量超过 10%。该类钢具有较高的热硬性，当切削温度高达 600 ℃时硬度仍然没有明显下降，切削时能长时间保持刃口锋利，故又称为"锋钢"。高速钢具有高淬透性，淬火时在空气中冷却即可得到马氏体组织，因此又称为"风钢"。高速钢的典型钢种是 W18Cr4V、W6Mo5Cr4V2，常用于制造高速切削刃具，如车刀、刨刀、铣刀、钻头等。图 3-16 所示为高速钢铣刀。

图 3-16　高速钢铣刀

● 合金模具钢是用于制造冷热模具的钢种。

冷作模具钢的成分具有高碳、高铬的特点，以使钢具有高硬度和较好的工艺性能，常用钢种有 Cr12、Cr12MoV。热作模具钢用来制造各种热锻模、热压模等，在工作时需要承受高温，常用钢种有 5CrNiMo、5CrMnMo。

● 合金量具钢用于制造各种测量工具，如千分尺、卡尺、块规、塞规等。该类钢的成分与低合金刃具钢相似，含碳量较高，钢的硬度高，耐磨。

③ 不锈钢是指在大气和弱腐蚀介质中具有高稳定性、不被锈蚀的钢材。大部分金属的腐蚀属于电化学腐蚀，即金属与介质发生电化学反应而被破坏。每年有大量的钢铁被腐蚀生锈，造成设备停用或报废，经济损失巨大，因此提高钢的耐蚀性显得尤为重要。

为了提高钢的耐蚀性，可以采用以下方法。

● 合金化。铬能提高钢基体的电极电位，铬的含量超过 12.5% 时，钢的电极电位显著提高；加入铬、镍、锰等合金元素，使钢具有均匀的单相组织，避免形成原电池；加入铬、硅等，在钢表面形成致密的、稳定的钝化膜，使其与腐蚀介质隔离。

● 采用表面处理方法，如喷漆、刷矿物油、覆盖搪瓷或塑料、镀锡和镀铬等方法，如图 3-17 所示。

不锈钢具有较高的力学性能，又有银子一般闪亮的外表，而且不易锈蚀，因此在产品设计中非常受欢迎。产品设计常用的不锈钢，按照组织可以分为铁素体不锈钢、马氏体不锈钢和奥氏体不锈钢三种类型。

● 铁素体不锈钢抗大气腐蚀和耐酸能力强，具有良好的抗高温氧化性，主要用于制造耐蚀性要求很高而强度要求不高的构件，如在生产硝酸、氮肥、磷酸等产品的过程中在氧化性腐蚀介质中工作的构件，以及厨房用具、洗衣机滚筒、洗碗机等。铁素体不锈钢典型钢种有10Cr17、Cr25Ti 等。10Cr17 的商业名称为 430 不锈钢，图 3-18 所示的食品夹所用材料是 430不锈钢。

（a）喷漆

（b）覆盖搪瓷

（c）覆盖塑料

（d）镀锡

（e）刷矿物油

（f）镀铬

图 3-17　减缓钢铁锈蚀的表面处理方法

图 3-18　用 430 不锈钢制造的食品夹

● 马氏体不锈钢多用于制造力学性能要求较高，而耐蚀性要求较低的零件，如汽轮机叶片、各种泵的零件、弹簧、滚动轴承，以及一些医疗及日用器械。图 3-19 所示为用马氏体不锈钢制造的剪刀和剃须刀。马氏体不锈钢常见钢号有 12Cr13、20Cr13、30Cr13、40Cr13 等。

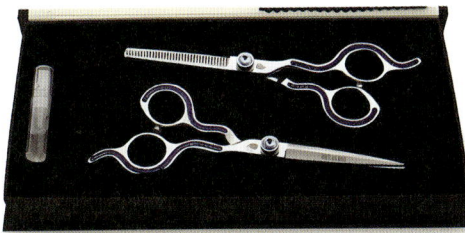

图 3-19　用马氏体不锈钢制造的剪刀和剃须刀

● 奥氏体不锈钢的强度、硬度比较低，而塑性、韧性比较好，可以进行各种冷塑性变形加工。该类钢对加工硬化很敏感，唯一的强化方法就是加工硬化；因为塑性高，易加工硬化，加之导热性差，故切削加工性能比较差。奥氏体不锈钢的典型钢种有 12Cr18Ni9、06Cr18Ni11Ti 等。

在产品设计中，奥氏体不锈钢十分常见。例如，06Cr19Ni10（旧牌号为 0Cr18Ni9）的商业牌号是 304，也称为 18-8 型不锈钢，因为其标准成分包含 18% 左右的铬和 8% 左右的镍，属于食品级不锈钢，常用于制造餐具、小家电、医疗器材等，是用量最大，使用最广的奥氏体不锈钢。又如，06Cr17Ni12Mo2（旧牌号为 0Cr17Ni12Mo2），其商业牌号是 316，加钼使之具有更好的耐蚀性和高温强度，常用于沿海地区设施、护栏、螺母、轮船等的生产。图 3-20 所示为奥氏体不锈钢的常见用途。

图 3-20　奥氏体不锈钢的常见用途

4．钢材的常见供应形式

（1）型钢。

型钢是具有一定的几何形状截面，且长度和截面周长之比相当大的直条钢材，包括角钢、圆钢、方钢、扁钢、工字钢、槽钢、异型钢等。

（2）钢管。

钢管有无缝钢管、矩形方管、异型方管等不同种类。

（3）钢丝。

钢丝是用不同质量的热轧盘条冷拔拉制而成的线状钢材。

（4）钢板。

钢板是用钢坯或钢锭轧制（热轧、冷轧）而成的，且宽厚比很大的巨型板材。钢板包括钢带和覆层钢板。钢带的厚度较薄，长度很长。覆层钢板根据涂层的不同，主要有镀锌、镀锡和无锡钢板。除此之外，还有镀铝和有机涂层钢板等。

3.3.2　产品设计中常用的有色金属

有色金属通常指除钢铁以外的所有金属。有色金属及其合金具有钢铁材料没有的特殊的物理和化学性能，在机械、交通、石油、化工、电力、航空等领域得到广泛的应用。

1. 铝及铝合金

铝及铝合金是在工业中应用最广泛的有色金属。例如，波音767飞机超过80%的材料是铝合金。铝合金也被广泛用于生产汽车部件，如轮毂、发动机舱盖、前挡泥板、车门、后备箱盖、油箱、车身构架等。图3-21所示为铝合金汽车轮毂。较早发展全铝车身结构的捷豹汽车，约75%的材料是铝合金。近年来，电动汽车发展迅猛，为降低车重，减少耗电量，增加续航里程，铝合金成为其首选材料。

图 3-21　铝合金汽车轮毂

纯铝的密度小（2.7 g/cm³），具有良好的导电性和导热性，面心立方晶格结构，强度低，塑性好。纯铝分为高纯铝和工业纯铝两类，高纯铝主要用于科学研究及制造电容器，工业纯铝可以用来制作电线、电缆和器皿等。

以铝为主要合金元素，再加入铜、硅、镁、锌、锰等其他合金元素构成铝合金。在铝中加入合金元素，可以获得较高的强度，并保持良好的加工性能。

图3-22所示为二元铝合金分类示意图。该图纵坐标为温度，横坐标为成分，指铝与其他合金元素构成二元合金时，该合金元素的百分比含量。根据铝合金的成分和生产加工方法，可以把铝合金分为变形铝合金和铸造铝合金。

如图3-22所示，成分低于D点的铝合金加热到固溶线DF以上时，可以得到均匀的单相固溶体α，该固溶体的晶体结构和纯铝的晶体结构一样，也是面心立方晶体结构，性能也类似，具有良好的塑性变形能力，适宜压力加工，因此这种铝合金称为变形铝合金。变形铝合金又分为可热处理强化的变形铝合金和不可热处理强化的变形铝合金。可热处理强化的变形铝合金的强化方式通常是固溶处理和随后的时效处理。将成分位于F到D之间的合金加热到α相区，经保温后获得单相α固溶体，然后迅速水冷，在室温得到过饱和的α固溶体，这个过程称为固溶。经固溶处理后的组织是不稳定的，在室温下放置或者对其加热，会逐渐分解析出第二相，从而使合金的强度和硬度升高，这个过程称为时效处理或时效强化。成分低于F点的合金，其从高温到低温没有固溶度的变化，因此是不能通过热处理强化的合金，可通过加工硬化和细化晶粒等途径提高合金的强度。

成分高于D点的铝合金，结晶温度较低，合金液的流动性较好，适用于铸造生产，称为铸造铝合金。

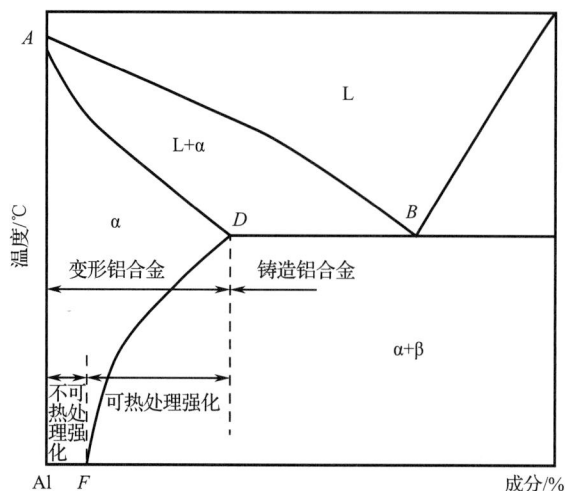

图 3-22 二元铝合金分类示意图

（1）铝合金的牌号和代号。

我国变形铝合金的牌号采用四位字符体系牌号，根据主加合金元素的不同分为九个系列，如表 3-3 所示。每个系列的第一位数字表示主加合金元素，第三位和第四位数字表示合金编号，第二位数字或英文字母表示合金的改型，我国用字母 A 表示原始合金，在国际上用数字 0 表示原始合金。

常用变形铝合金如表 3-4 所示，表中的旧牌号是 GB3190—82 中的牌号，现在仍然可以继续使用。表中，代号 L、F、Y、C、D，分别是"铝""防""硬""超""锻"的汉语拼音首字母。

根据主加合金元素的不同，铸造铝合金一般分为四大类，即铝硅（Al-Si）系、铝铜（Al-Cu）系、铝镁（Al-Mg）系、铝锌（Al-Zn）系，其代号用"铸""铝"二字的汉语拼音首字母"Z""L"加三位数字表示，第一位代表合金系，后两位为顺序号，如表 3-5 所示。

表 3-3 变形铝合金系列及其牌号标记方法

形 式	说 明	
1××	工业纯铝	不可热处理强化
2××	Al-Cu 合金，Al-Cu-Li 合金	可热处理强化
3××	Al-Mn 合金	不可热处理强化
4××	Al-Si 合金	若含镁，则可热处理强化
5××	Al-Mg 合金	不可热处理强化
6××	Al-Mg-Si 合金	可热处理强化
7××	Al-Zn-Mg 合金	可热处理强化
8××	Al-Li，Al-Sn，Al-Zr 或 Al-B 合金	可热处理强化
9××	备用合金系列	—

表3-4 常见变形铝合金

类　型	牌号（旧牌号）	性　　能	用　途
防锈铝合金	3A21（LF21）、5A05（LF5）	塑性高，强度低，通过加工硬化提高强度，焊接性好，耐蚀性好	管道、油箱、铆钉等
硬铝合金	2A11（LY11）、2A12（LY12）	经时效处理强化，耐蚀性较差	飞机骨架、铆钉、蒙皮等
超硬铝合金	7A04（LC4）、7A09（LC9）	经时效处理后强度和硬度都很高，耐热、耐蚀性较差	飞机大梁、起落架等
锻铝合金	2A70（LD7）	具有良好的锻压性能和耐蚀性	内燃机活塞、叶轮等

表3-5 常见铸造铝合金

类　型	代号（牌号）	性　　能	用　途
铝硅合金	ZL102（ZAlSi12）	铸造性能好，具有优良的耐蚀性、耐热性和焊接性能	用于制造形状复杂件，如飞机、仪表、电动机壳体、气缸体、风叶叶片、发动机活塞等
铝铜合金	ZL201（ZAlCu5Mg）ZL203（ZAlCu4）	耐热性好，强度较高，密度大，铸造性能、耐蚀性差	用于制造高温下工作的高强零件，如内燃机气缸头、汽车活塞等
铝镁合金	ZL301（ZAlMg10）ZL303（ZAlMg5Si）	耐蚀性好，强度高，密度小，铸造性能差，耐热性低	用于制造外形简单、承受冲击载荷、在腐蚀性介质下工作的零件，如舰船配件、氨用泵体等
铝锌合金	ZL401（ZAlZn11Si7）ZL402（ZAlZn6Mg）	铸造性能好，强度较高，可自然时效强化，密度大，耐蚀性较差	用于制造形状复杂、受力较小的汽车、飞机、仪器零件等

（2）铝及铝合金的应用。

① 铝合金型材。

利用塑性加工可以将铝合金坯锭加工成不同断面形状及尺寸规格的铝材，即铝合金型材。铝合金型材按照断面形状可以分为角、槽、丁字、工字等类别。铝合金型材密度小、强度高、耐腐蚀、耐磨损，表面经阳极氧化或喷涂之后更具有装饰性，被广泛用于产品造型材料、展示材料、门窗框体材料、墙面和吊顶骨架支撑材料。

② 铝箔。

铝箔是采用压延方法压制而成的，具有艳丽的金属光泽，可以印制美丽的图案，对氧气、光线、水蒸气等具有高阻隔性，是用量极大的商品包装材料。

③ 铝合金装饰板。

铝合金板材经塑性变形加工，可以制成具有一定形状的装饰板。铝合金装饰板表面经阳极氧化、喷漆、覆膜或精加工等处理，可以获得各种色彩或肌理，被广泛用于建筑物墙面、屋面装饰材料和展示材料。

④ 铝塑复合膜。

铝箔柔软，难以适应高速包装，因此往往将铝箔和塑料复合，以提高机械强度，从而适应现代包装机的高速自动包装。铝塑复合膜具有优良的防潮性、遮光性、耐候性，适应热封和机械加工，是理想的包装材料，被广泛用于食品、日化、药品等商品的包装。在常用铝塑复合膜中，Al/PE多用于包装巧克力、糖果；OPP/PE/Al/PE多用于奶粉、茶叶、化妆品、药品等的包装；PET/Al/CPP为三层耐蒸煮材料，可用于包装肉、禽类软罐头。

⑤ 铝合金铸件。

在零件形状复杂，需要具有较高强度，同时要减轻质量的情况下，选择铝合金铸件是非常合适的。例如，发动机活塞可以采用铝铜合金 ZL201 制造，经固溶处理后进行人工时效处理，其抗拉强度可达 335 MPa。

2. 铜及铜合金

铜及其合金是人类最早使用，至今也是应用最广泛的金属之一。铜的产量仅次于钢铁和铝。

铜是重有色金属，纯铜的密度为 8.96 g/cm³，熔点为 1083 ℃，面心立方结构，塑性极好，无同素异构转变。纯铜的导电、导热性能仅次于银，具有良好的耐蚀性。纯铜的颜色为玫瑰红色，在大气中表面形成的氧化亚铜呈紫色，故称为紫铜。纯铜可用来制作各种实用品及工艺美术用品。纯铜强度低，不宜用来制造受力的结构零件，通常加入合金元素来改善其性能。根据铜合金的表面颜色，铜合金分为黄铜、白铜和青铜三大类。

（1）黄铜。

黄铜是以锌为主加元素的铜合金，用"黄"的汉语拼音首字母"H"表示，其后数字表示平均铜的质量分数。铜含量较高而锌含量较少的黄铜，如 H80、H70、H68 等，塑性好，适用于制造冷变形零件，如弹壳、冷凝器管等。铜含量减少，锌含量增加，如 H62、H59 等，往往适合制造受力件，如垫圈、弹簧、导管、散热器等。在普通黄铜的基础上加入铝、铁、硅、锰、锡、镍、铅等元素形成特殊黄铜，可以改善某些方面的性能，如增加耐蚀性、改善铸造性能等。由于黄铜具有优良的导电、导热、耐磨、耐蚀等特性，所以常用于制造电源端子、管道装备、衬套等。黄铜制品，如图 3-23 所示。

（a）螺旋桨

（b）冷凝器管

（c）灯具

（d）弹壳

（e）衬套

图 3-23　黄铜制品

（2）白铜。

以镍为主加合金元素的铜合金称为白铜，白铜分为普通白铜和特殊白铜。铜镍二元合金是普通白铜，在普通白铜的基础上添加锌、锰、铝等元素形成特殊白铜。

（3）青铜。

除黄铜和白铜外的其他铜合金统称为青铜。根据主加元素的不同,青铜又可以分为锡青铜、铝青铜、铍青铜、硅青铜、铅青铜等。

3. 镁和镁合金

在产品设计中,镁合金的用量也很大。镁合金具有轻量环保等优良特性,被广泛用于交通工具零件,以及手机、数码相机、计算机、摄像机等电子产品的生产。

镁的密度是 1.7 g/cm³,是最轻的结构金属,这对于产品设计非常重要。镁合金是在纯镁中加入铝、锌、锂、锰、锆和稀土元素等形成的,具有较高的强度,可以作为结构材料广泛应用。

镁合金的比重大于塑料,但其比强度高于塑料。所以,在同样强度的情况下,镁合金零部件能够做得比塑料零部件薄而轻。另外,镁合金的比强度也比铝合金和钢铁高,在不减少零部件强度的同时,可以减小零部件的质量。

镁合金密度小、强度高,在航空器、航天器和火箭制造工业中广泛使用,也用于制造汽车的引擎盖、变速箱、进气歧管、轮毂、发动机等部件。图 3-24 所示为镁合金制动踏板支架,质量为 1.29 kg。

镁合金具有良好的抗振减噪性能,在风扇的扇叶上使用镁合金,可以有效降低噪声;为了使汽车轻量化以及受到撞击后有效吸收冲击力,可以在转向盘和座椅上使用镁合金。

镁合金除了具有较高的抗振能力,在受到冲击载荷时能够吸收较大的能量,还有良好的散热性能,因而是制造飞机轮毂的理想材料。

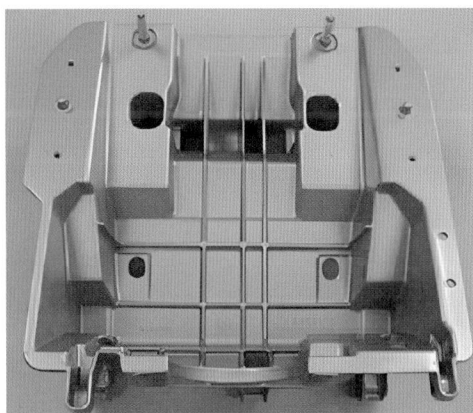

图 3-24　镁合金制动踏板支架

4. 其他有色金属

（1）钛及钛合金。

钛的密度是 4.54 g/cm³,熔点是 1668 ℃,是银白色金属。在纯钛里加入铝等合金元素构成钛合金,钛合金是航空、航天、造船、医疗及化工工业重要的结构材料。钛合金的比强度高、耐热性好、耐蚀性好,但价格较贵,加工工艺也较为复杂。图 3-25 所示为钛合金眼镜架,质轻、耐蚀。

（2）锌及锌合金。

锌的密度是 7.1 g/cm³,熔点是 419.5 ℃,是浅灰色金属。锌的熔点低、耐蚀性好,常用于钢的表面镀层材料。例如,门把手、水龙头表面镀锌,以防止锈蚀。镀锌钢板又称白铁皮,在车辆、家电、日用品中用量很大。

（3）锡合金。

锡的密度是 7.3 g/cm³, 熔点是 232 ℃, 是银白色金属。锡合金的主加元素是铅、铜等。锡常用于锡基轴承合金, 该种合金与铅基轴承合金合称巴氏合金, 用于制造滑动轴承。锡焊料以锡铅合金为主, 用于仪表电子元件等的焊接和密封。锡还用于涂层。例如, 镀锡钢板, 俗称马口铁, 有金属光泽、耐腐蚀、可焊接、可冲压, 还能彩色印刷, 可用于制造罐头盒和各种容器等。图 3-26 所示为镀锡罐头盒。

图 3-25　钛合金眼镜架

图 3-26　镀锡罐头盒

（4）低熔点合金。

铋、镉、铅等元素形成的合金具有较低的熔点, 可用于制造保险丝、安全阀等。

（5）粉末合金。

粉末合金是用金属粉末或金属与非金属粉末做原料, 用压制和烧结工艺在模具中成型的合金。

3.4　金属成型加工工艺

金属常见的成型加工工艺包括铸造、塑性成型、焊接、切削加工等, 相应的工艺性能分别是铸造性能、锻压性能、焊接性能、切削加工性能。

1. 铸造性能

铸造性能指合金在铸造的过程中, 获得形状完整、内部质量良好的铸件的能力, 包括合金的流动性、收缩性、吸气性和偏析倾向等。铸造性能好意味着合金具有好的流动性、低的收缩率, 以及小的偏析倾向。铸造性能与合金成分、铸造方法等因素有关。铸铁的铸造性能好, 铸钢的铸造性能差。铸钢可以进行其他形式的加工, 如锻造和冲压。铸铁塑性差, 难以进行锻造和冲压。

2. 锻压性能

锻压性能指金属能否用锻压方法制成优良锻压件的性能, 又称可锻性。金属的塑性越高, 变形抗力越小, 可锻性就越好, 反之越差。影响金属可锻性的因素主要是化学成分、合金的组织、加工变形条件。一般来说, 纯金属的锻造性能比合金好; 钢的含碳量越高, 可锻性越差;

合金元素含量越高，形成硬化相，钢的可锻性越差；钢的晶粒细小均匀，可锻性更好。除此之外，锻压性能还与变形温度、变形速度、应力状态等有关，高温慢速变形优于低温快速变形，挤压加工优于拉拔加工。

3. 焊接性能

焊接性能指金属在特定结构和工艺条件下，采用常用的焊接方法获得预期质量要求的焊接接头，以及该焊接接头在使用条件下可靠运行的性能，又称可焊性。一般来说，材料的焊接性能好坏可以根据焊接时产生裂纹的敏感性和焊缝区域力学性能的变化来判断。焊接性能与材料的化学成分、热处理、组织与性能等有关，低碳钢、低碳合金结构钢的焊接性能比较好，而高碳钢、高合金钢、铸铁的焊接性能比较差。在焊接焊接性能比较差的材料时，必须采取严格的焊接工艺措施，如焊前预热、焊后热处理及选用适当的焊接方法和焊接材料，避免出现焊接缺陷。

4. 切削加工性能

切削加工性能指金属是否易于被刀具切削的性能，与工件的化学成分、组织状态、硬度、塑性等有关。评价材料的切削加工性能可以从切削后工件的表面粗糙度、切削速度、断屑性能与刀具磨损等方面考虑。金属的硬度对其切削加工性能有较大的影响。经验证明，当金属的硬度处于 170 ~ 230 HB 时切削加工性能最好。金属硬度过低时，切削速度慢，断屑性能差；金属硬度过高时，对刀具的磨损严重。与低碳钢和高碳钢相比，中碳钢的含碳量居中，合金硬度处于一定范围，因此切削性能最好。常见的切削加工方式有车、铣、刨、磨、钻、镗等。

3.4.1 铸造成型

将液态金属浇注到具有与零件形状、尺寸相适应的铸型型腔中，待其冷却凝固，以获得毛坯或零件的生产方法，称为铸造。铸造是古老的金属成型方法，现在仍然是生产毛坯的主要方法。

铸造生产具有很大的优越性，可以制成形状复杂、特别是具有复杂内腔的毛坯，如箱体、气缸体等。铸造所用材质广泛，各种常用的金属都可以铸造。铸件大小几乎不限，质量从几克到数百吨，壁厚可由 1 mm 到 1 m。铸件的批量不限，从单件、小批量到大批量均可。铸造可利用废钢铁和切屑，设备费用低，原材料成本较低。

但是，影响铸件质量的因素很多，如铸造工艺、铸型材料、熔炼与浇注等，生产过程复杂，所以废品率往往较高。

1. 常见铸造方法

常见铸造方法包括砂型铸造和特种铸造。砂型铸件约占铸件总产量的90%。特种铸造一般包括熔模铸造、金属型铸造、压力铸造、低压铸造、离心铸造等。

（1）砂型铸造。

砂型铸造通常包括混砂、造型与造芯、烘干、合箱、熔化与浇注、铸件清理、检验等流程。

图 3-27 所示为套筒砂型铸造过程示意图。将型砂混合，用木模、型砂在砂箱中造型，同时在芯盒中造型芯。将木模取出后，将型芯放进型腔，然后合箱。将熔融的金属液浇入型腔，待铸件凝固后取出，清理并去除浇冒口等，最后进行铸件尺寸和性能的检验。

砂型铸造是传统的铸造方法，成本低，适用面广，适用于各类合金各种形状、大小、批量的生产，但铸件往往缺陷较多，尺寸精度较低。

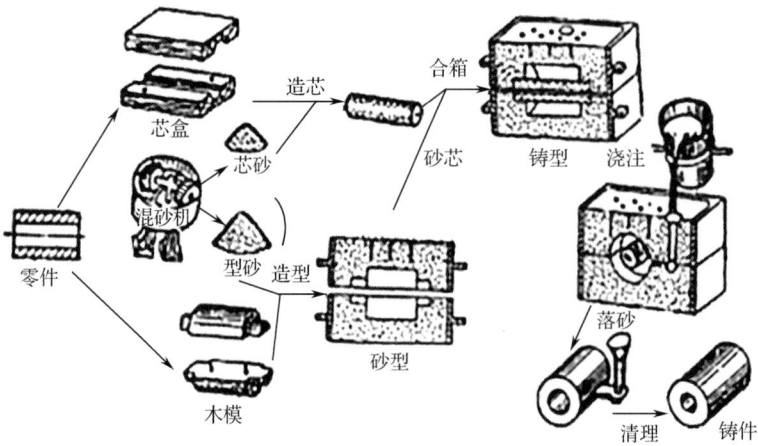

图 3-27　套筒砂型铸造过程示意图

（2）熔模铸造。

熔模铸造包括蜡模制造、型壳制造、焙烧和浇注等步骤。

图 3-28 所示为熔模铸造工艺示意图，结壳指的是在蜡模上浸涂耐火材料，然后撒砂与硬化。此工艺反复进行才能结成厚壳。脱蜡是使蜡熔化并从型壳中脱出。焙烧是将型壳用 800 ～ 1000 ℃的高温加热，以清除水分，增加强度。

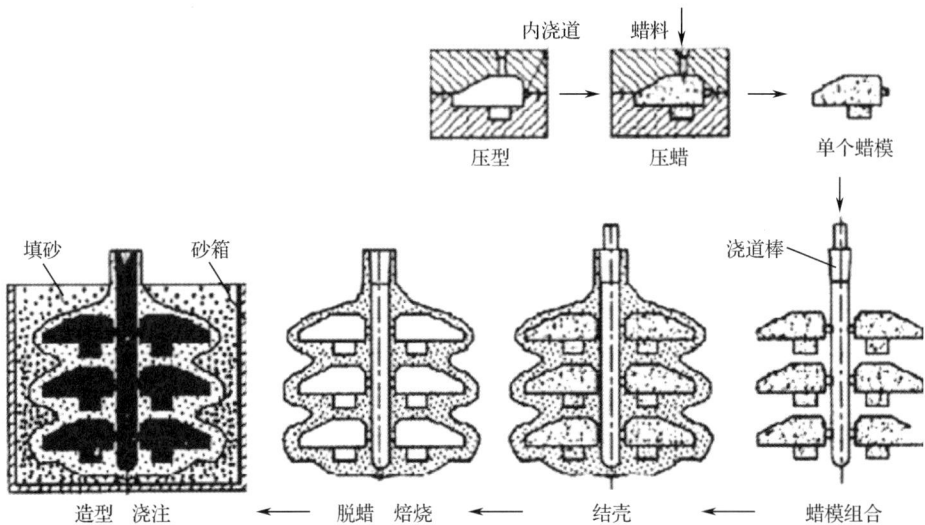

图 3-28　熔模铸造工艺示意图

熔模铸造的优点是铸件精度高，表面质量好，能够铸出形状复杂的薄壁小件，合金种类不受限制，生产批量不受限制;缺点是工序繁杂，生产周期长，成本较高，而且受蜡模强度限制，铸件不宜过大。

熔模铸造适用于制造高熔点、难加工的高合金钢铸件，如高速钢刀具、不锈钢汽轮机叶片等。

（3）金属型铸造。

金属型铸造是将液态合金浇入金属型以获得铸件的方法，由于金属型可以反复使用，故也称为永久型铸造。

金属型铸造的优点是可以"一型多铸"，便于实现机械化和自动化生产，铸件精度高，组织细密；缺点是金属型制造成本高，铸件冷却速度快，易产生浇不足、冷隔、裂纹等缺陷。

金属型铸造适用于有色合金铸件的大批量生产，如铝活塞、气缸盖、油泵壳体、铜瓦、衬套等。

（4）压力铸造。

压力铸造是在高压下（比压为 5 ~ 150 MPa）将液态或半液态合金快速压入金属型中，并在压力下凝固，以获得铸件的方法。

压力铸造的优点是铸件强度和硬度较高，表面质量好，通常不需要加工即可使用，可压铸出形状复杂的薄壁件，或直接铸出小孔、螺纹、齿轮等，也可镶嵌其他材料，而且生产率高，平均每小时可压铸 600 ~ 700 次。压力铸造的缺点是设备投资大，模具制造周期长，成本高，只有大批量生产才合算。压力铸造生产时速度很快，排气和补缩困难，因此铸件内易产生气孔、缩孔或缩松等缺陷。考虑到金属型的寿命，应该尽量避免压力铸造高熔点合金。

压力铸造主要用于气缸体、箱体、壳体等铝、镁、锌合金铸件的大批量生产。

（5）低压铸造。

低压铸造是介于重力铸造（如砂型铸造、金属型铸造）和压力铸造之间的一种铸造方法。它是使液态合金在压力下，自下而上地充型，并在压力下结晶、形成铸件的工艺过程。由于其施加的压力较低（20 ~ 70 kPa），故称低压铸造。

低压铸造的浇注压力和速度便于调节，便于实现顺序凝固，铸件的气孔、夹渣等缺陷较少，组织致密，力学性能高。因为省去了补缩冒口，所以低压铸造的金属利用率高。

低压铸造被广泛用于铸造铝合金铸件，如汽车发动机缸体、缸盖、活塞、叶轮等，也可用于球墨铸铁、铜合金等，如球铁曲轴、铜合金螺旋桨等铸件的生产。

（6）离心铸造。

将液态合金浇入高速旋转（250 ~ 1500 r/min）的铸型中，使金属液体在离心力的作用下充填铸型并结晶，这种铸造方法称为离心铸造。

离心铸件组织致密，无缩孔、缩松、气孔、夹渣等缺陷。由于离心力作用，在铸造中空铸件时，不用型芯和浇注系统。离心铸造使金属液的充型能力得到提高，可以浇注流动性较差的合金铸件和薄壁铸件，如涡轮和叶轮等，而且便于铸造双金属铸件。其缺点是依靠自由表面形成的内孔尺寸偏差大，而且内表面粗糙，若需要切削加工，则必须加大余量。此外，因为需要专用设备投资，所以离心铸造不适用于单件、小批量生产。

离心铸造特别适合生产管、套、环类零件，如铁管、铜套、缸套、双金属管等。此外，离心铸造也用于制造耐热钢管道、特殊钢无缝钢管毛坯等。

2．铸造工艺设计

（1）铸件材料的选择。

各种常用的金属均可用于铸造，但不同材料的铸造性能有所差异。在常用金属中，灰铸铁、铸造铝硅合金等铸造性能好，适合进行铸造生产。铸钢的铸造性能较差，因此在工艺上应该采取较为严格的措施，以防止产生铸造缺陷。

（2）铸件结构设计。

① 铸件的壁厚。

铸件的壁厚不宜过薄，壁厚过薄会导致金属液流动困难，产生浇不足的缺陷。表 3-6 是砂型铸造时铸件的最小允许壁厚。在设计铸件时,铸件的壁厚应该大于表中规定的最小允许壁厚。壁厚也不宜过大,否则其中心部位易产生粗大晶粒、缩孔、缩松等缺陷。一般来说,临界壁厚可以按照最小允许壁厚的3倍考虑,或采用T字形、工字形、箱形截面或加强筋等形式来增加铸件的强度和刚性,而不是单纯增加壁厚。如图3-29所示,采用设加强筋的方式使铸件壁厚均匀。铸件的内壁散热慢,因此应该比外壁薄一些,这样才能使铸件各部分的冷却速度趋于一致,以防缩孔或裂纹的产生。

表3-6 砂型铸造时铸件的最小允许壁厚

单位：mm

铸件尺寸	最小允许壁厚		
	铸　钢	灰铸铁	铝合金
200×200 以下	6 ~ 8	5 ~ 6	3
200×200 ~ 500×500	10 ~ 12	6 ~ 10	4
500×500 以上	18 ~ 25	15 ~ 20	5 ~ 7

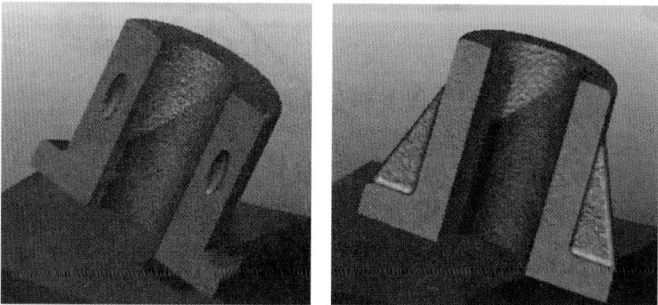

（a）改进前的结构　　　　　　（b）改进后的结构

图 3-29　设加强筋,使铸件壁厚均匀

② 铸件壁的连接。

铸件壁的厚薄相接、拐弯、交接之处,都应该采取过渡和转变的形式,采用结构圆角、T字形相接、交错接头、过渡连接等方式,避免突然转变引起的应力集中和裂纹。铸件壁的连接常见问题,如表3-7所示。

③ 避免变形和裂纹的结构。

如表3-8所示,细长铸件应该尽量设计成对称截面,以使应力导致的变形可以相互抵消。平板铸件应该设置加强肋,以增加刚度,减少变形。如图3-30所示,多条筋交会易引起金属积聚,引起铸造缺陷,应该在交会处设计不通孔或凹槽。

表3-7 铸件壁的连接常见问题

不 合 理	合 理	不 合 理	合 理

不 合 理	合 理	不 合 理	合 理

表3-8　避免变形和裂纹的结构

不 合 理	合 理

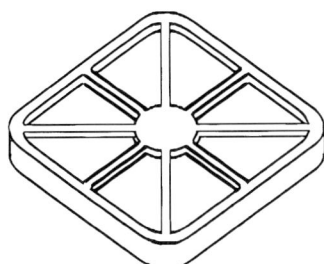

（a）不合理

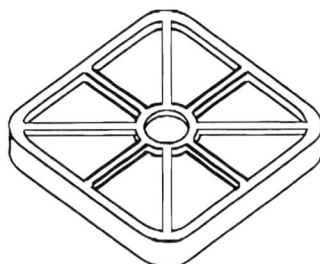

（b）合理

图3-30　多条筋交会处的设计方案

3.4.2　塑性成型

塑性成型是金属在外力作用下通过塑性变形，获得具有一定形状、尺寸和力学性能的零件或毛坯的加工方法。塑性成型也称为压力加工，包括轧制、拉拔、挤压、锻造、板料冲压等工艺。金属型材大多数是通过压力加工制成的。

塑性成型可以细化金属零件的晶粒，获得比较致密的组织，并消除金属铸锭内部的铸造缺陷，从而提高其力学性能。重要的机械零件通常都用锻造毛坯。塑性成型产品经过少量甚至无切削加工即可获取，材料损耗少，产品精度高，生产率也高，适合大批量生产。塑性成型的缺点是需要专门的设备和工具，投入较大，难以加工脆性材料和形状复杂件。

1．塑性成型工艺种类

（1）轧制。

轧制是利用两个旋转轧辊的压力，使金属坯料通过一个特定的空间塑性变形，而获得所需的截面形状并同时改变其组织和性能。

轧制可用于制造扳手、链环、叶片、连杆、火车轮箍、轴承座圈、齿轮、法兰盘、高速钢滚刀、麻花钻，以及冷轧丝杠等。

（2）自由锻。

自由锻是利用冲击力或压力使金属在上下两个抵铁之间产生变形，从而得到所需形状及尺寸的锻件。由于金属坯料在抵铁间受力变形时，沿变形方向可以自由流动，不受限制，故称自由锻。

自由锻生产所用的工具简单，具有较大的通用性，适用范围广，可锻造的锻件质量从小于 1 kg 到数百吨。在重型机械中，自由锻是生产大型和特大型锻件的唯一成型方法。

（3）模锻。

模锻即模型锻造，是使金属坯料在冲击力或压力的作用下，在锻模模腔内变形，从而获得锻件。

由于金属变形受到锻模壁的限制，因此模锻的锻件尺寸精度高，加工余量小，结构可以做得比较复杂。同时，锻件组织致密，力学性能好，生产率也高。

模锻生产被广泛用于机械制造业和国防工业。例如，C919 大飞机的起落架、上下缘条、发动机吊挂、垂尾等 130 多项锻件，都来自中国第二重型机械集团公司（中国二重）自主设计、制造、安装的八万吨模锻压机，如图 3-31 所示。

图 3-31　中国二重八万吨模锻压机

（4）挤压。

挤压是使坯料在挤压模内受压被挤出模孔而变形的加工方法。

金属坯料在挤压时处于三向受压状态，可以提高金属坯料的塑性，因此适合挤压的材料品种较多，如非铁合金、碳钢、合金钢、不锈钢等，甚至某些高碳钢、轴承钢、高速钢。挤压可以制造出形状复杂、深孔、薄壁、异型断面的零件，而且零件精度高。经挤压变形后，零件内部的纤维组织基本上是沿零件外形分布的，不被切断，从而提高了零件的力学性能。

（5）冲压。

冲压是利用冲模使板料产生分离或变形的加工方法。这种加工方法通常在室温下进行，所以又叫冷冲压。只有当板料厚度超过 8 mm 时，才会采用热冲压。板料冲压应用非常广泛，在运输、航空、电器、仪表，以及国防工业中，占据极其重要的地位。

板料冲压可以制造出形状复杂的零件，而且废料较少。冲压件精度高，表面粗糙度低，互换性好。冲压操作简单，便于机械化和自动化生产，生产率高。但是，冲压模具制造复杂，成本高，因此冲压适合大批量生产。

冲压常用的金属材料有低碳钢、铜合金、铝合金、镁合金，以及塑性好的合金钢。冲压生产常用的设备是剪床和冲床。

冲压生产的基本工序有分离工序和变形工序。

① 分离工序是使坯料的一部分与另一部分分离的工序，常见的有落料、冲孔、切断和修整等，其中落料和冲孔统称冲裁。

图 3-32 所示为普通冲裁示意图，将板料放在凸模和凹模之间，随着凸模的下行，在力的作用下，板料按照封闭轮廓分离。落料时，冲落部分为成品，余料为废料。冲孔是为了获得带孔的冲裁件，冲落部分是废料。

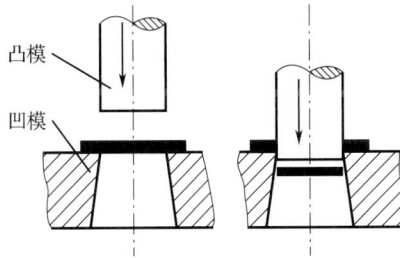

图 3-32 普通冲裁示意图

如图 3-33 所示，若想得到 2，则为落料；若想得到 1，则为冲孔。图 3-34 所示为冲裁制品。

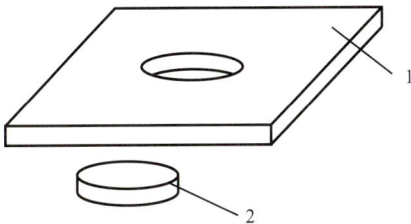

图 3-33 落料和冲孔示意图

图 3-34 冲裁制品

② 变形工序是使坯料的一部分相对另一部分产生位移而不破裂的工序，如拉深、弯曲、翻边、成形等。

图 3-35 所示为弯曲工艺示意图。加工时，将坯料放在凹模上，在凹模与凸模的共同作用下，坯料被弯曲成所需的形状。

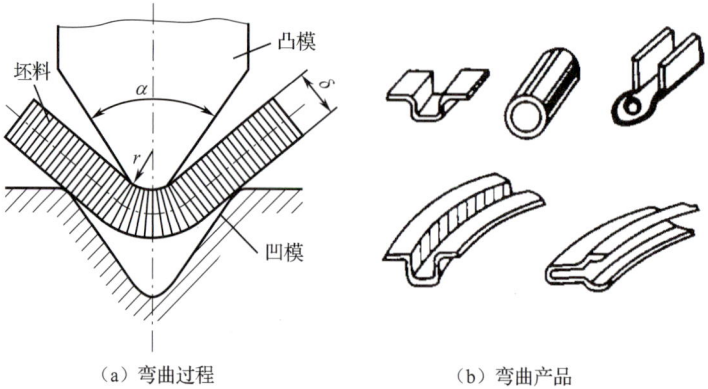

（a）弯曲过程　　　　　　　　　（b）弯曲产品

图 3-35　弯曲工艺示意图

图 3-36 所示为拉深工艺示意图。将待加工的板材放在凹模上，利用凸模向下施力，将其拉深成型。大多数金属容器都是用拉深工艺成型的。图 3-37 所示为用拉深工艺制造的产品。

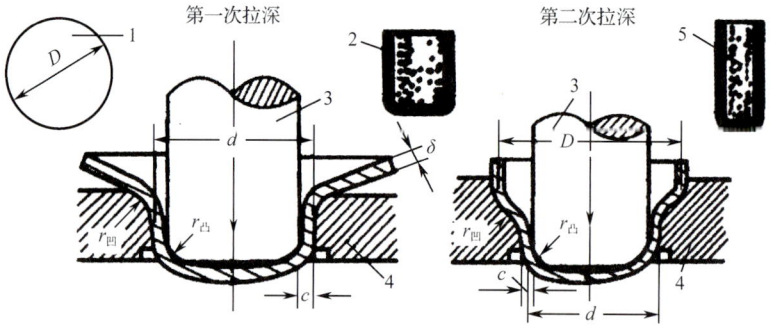

1—坯料；2—第一次拉深成品，即第二次拉深的坯料；

3—凸模；4—凹模；5—成品

图 3-36　拉深工艺示意图

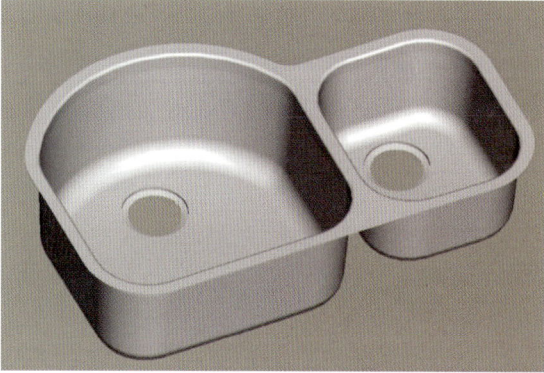

图 3-37　用拉深工艺制造的产品

2．锻压工艺设计

（1）锻压件材料的选择。

锻压件是利用金属的塑性进行成型和加工的，因此通常选择具有一定塑性的材料进行锻压。可锻性的优劣通常被用来判断金属是否适合塑性加工。塑性越好，金属的可锻性越好。可锻性与合金的成分密切相关，适合锻压生产的材料有低碳钢、低碳低合金钢、变形铝合金、变形铜合金等。

碳钢中的碳含量越低，可锻性越好，反之可锻性越差。铸铁不能锻压成型。

（2）锻压件结构设计。

① 自由锻锻件应该尽量避免锥体或斜面。锻件由数个简单的几何体构成时，几何体间的连接处应该无空间曲线、曲面连接及椭圆形。锥体、曲线、曲面等的锻造需要专门工具，锻造困难，应该尽量采用平面与平面连接，或平面与圆柱体连接，如图3-38所示。加强筋和凸台等不能用自由锻方法获得。工字形截面或空间曲线形表面，均应该避免。工件有急剧变化的截面或形状复杂，应该设计成由几个简单件构成的几何体，或采用焊接、机械连接等手段。

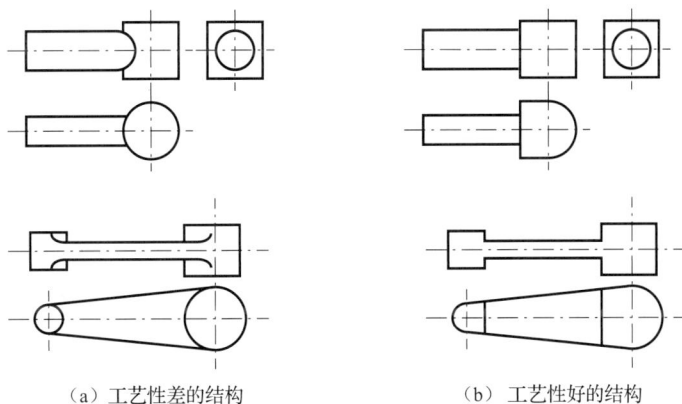

| （a）工艺性差的结构 | （b）工艺性好的结构 |

图 3-38　杆类锻件结构

② 模锻件应该有合理的分模面，以保证金属易于充满模腔，模锻件易于从锻模中取出，敷料消耗最少。模锻件上与锤击方向平行的非加工表面应该设计出模锻斜度。零件外形力求简单、平直和对称，尽量避免零件截面间差别过大或具有薄壁、高肋、凸起等结构。图3-39（a）所示的零件的小截面直径与大截面直径之比为0.5，不符合模锻生产的要求。两者差别不能过大，其比值应该大于0.5。图3-39（b）所示的零件扁而薄，薄处金属冷却快，易损坏锻模。图3-39（c）所示的零件凸缘高而薄，金属难以充满模腔，应改为图3-39（d）所示的形状。

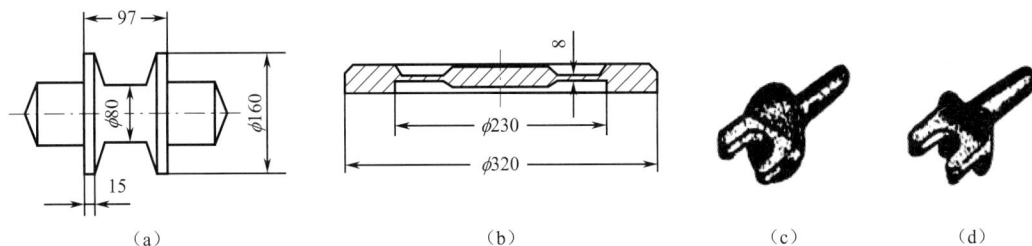

| （a） | （b） | （c） | （d） |

图 3-39　模锻件形状（单位：mm）

③ 落料件的外形和冲孔件的孔形应该力求简单、对称，尽可能采用圆形或矩形等规则形

状，避免长槽或细长悬臂结构，否则会使模具制造困难，缩短模具寿命，如图 3-40 所示。

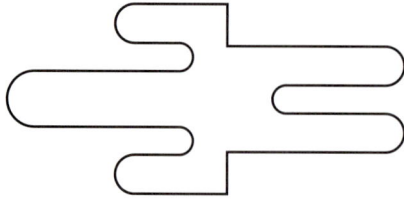

图 3-40 不合理的落料件外形

冲裁件的结构尺寸（如孔径、孔距等）必须考虑材料的厚度。冲裁件上的直线与直线、曲线与直线的交接处，均应该采用弧线连接，以避免尖角处因应力集中而产生裂纹。

3.4.3 焊接

焊接指将两种或多种（同质或异质）材料通过原子或分子之间的结合永久性连接的工艺。焊接的实质是利用加热或加压等手段，借助金属原子的结合和扩散作用，使分离的金属材料牢固地连接起来。

焊接在机器制造、船舶制造、建筑工程、电力设备生产、航空及航天等工业领域应用十分广泛。

焊接的种类很多，一般分为熔化焊、压力焊和钎焊。熔化焊包括气焊、焊条电弧焊、等离子弧焊、埋弧焊、气体保护焊、电渣焊、激光焊、电子束焊等，其中焊条电弧焊的应用范围最广。常见的压力焊有电阻焊（包括点焊、缝焊和对焊）、摩擦焊、超声波焊、感应焊。钎焊包括软钎焊和硬钎焊。

1. 常用焊接方法

（1）气焊。

气焊是利用可燃气体与助燃气体混合燃烧生成的火焰为热源，熔化焊件和焊接材料，使之原子间结合的一种焊接方法。助燃气体主要为氧气，可燃气体主要为乙炔、液化石油气等。

（2）焊条电弧焊。

焊条电弧焊又称为手工电弧焊，是利用焊条与工件间产生的电弧热将工件和焊条熔化而进行焊接的方法，如图 3-41 所示。

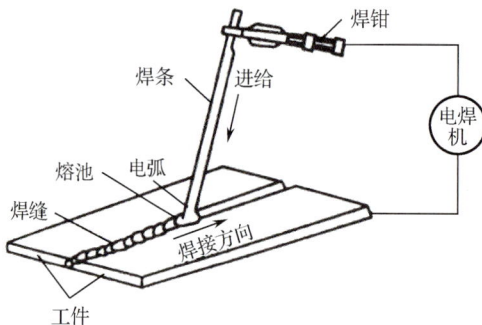

图 3-41 焊条电弧焊示意图

焊条电弧焊常用于厚度 2 mm 以上钢板的单件小批量生产，可在室内、室外和高空进行。焊条电弧焊设备简单，维护容易，操作灵活。各种焊接位置，短的、不规则的焊缝，以及焊机不能到达的部位的焊接，均可以采用焊条电弧焊。焊条电弧焊适合焊接铸钢、高强度钢等，应用非常广泛，但对焊工操作技术要求高，焊接质量不易控制。

（3）等离子弧焊。

等离子弧焊是借助水冷喷嘴等对电弧的拘束和压缩作用，获得较高能量密度的等离子弧进行焊接的方法。

等离子弧焊的焊接能量密度大，弧柱温度高，一次熔深大，热影响区小，焊接变形小，焊接质量高。等离子弧焊电流小到 0.1 A，电弧仍然能稳定燃烧，并保持良好的挺直度和方向性，因而可以焊接金属薄箔，最小厚度可达 0.025 mm。等离子弧焊设备复杂，投资大，主要用于国防工业等尖端技术装备，用来焊接一些难熔、易氧化、热敏感性强的材料，如钼、钨、铬、钛及其合金，也用于焊接质量要求较高的钢材和非铁合金。

（4）埋弧焊。

埋弧焊是将电弧埋在焊剂层下燃烧进行焊接的方法，也称焊剂层下电弧焊。焊接时，引弧、焊丝送进、移动电弧、收弧等动作由机械自动完成，因此也称为埋弧自动焊，如图 3-42 所示。

埋弧焊是一种高效的机械化焊接方法，单丝埋弧焊一次可以焊透 20 mm 以下不开坡口的钢板，焊速可达 30 ～ 50 m/h，熔深大，因此特别适合厚板焊接。

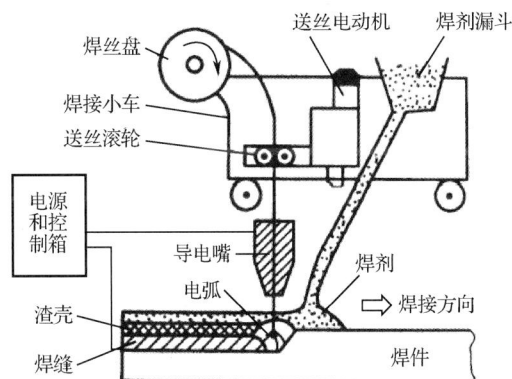

图 3-42　埋弧自动焊示意图

（5）气体保护焊。

气体保护焊是利用外加气体作为电弧介质并保护电弧区的熔滴、熔池及焊缝金属的电弧焊。

① 氩弧焊是以氩气作为保护气体的气体保护焊。氩气是惰性气体，不参与反应。

氩弧焊的焊接质量好，焊缝成型美观，电弧燃烧稳定，生产效率高，缺点是氩气较贵。氩弧焊一般用于焊接有色金属、合金钢、不锈钢等，适合薄板焊接。

② 二氧化碳气体保护焊如图 3-43 所示，用二氧化碳作为保护气。一方面，二氧化碳可以将电弧、熔化金属与空气隔离，起到保护作用；另一方面，在电弧高温作用下，二氧化碳会分解为一氧化碳和氧气，因而具有较强的氧化性，会使锰、硅等合金元素烧损，焊缝增氧，力学性能下降，还会形成气孔。另外，二氧化碳气流的冷却作用及强烈的氧化反应，导致电弧稳定性差、金属飞溅大、弧光强、烟雾大等缺点。

二氧化碳气体保护焊的优点是成本低，生产效率高，缺点是焊缝质量较差，不够光滑。二氧化碳气体保护焊适合焊接低碳钢和低合金结构钢的薄板件，常用焊丝是 H08MnSiA。

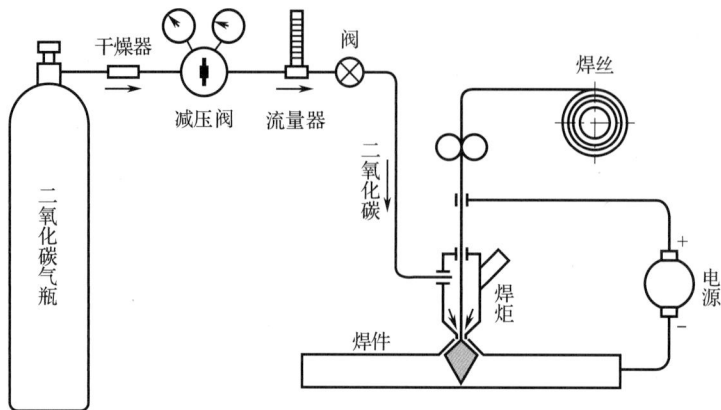

图 3-43 二氧化碳气体保护焊示意图

（6）电阻焊。

电阻焊是利用电流通过焊件及其接触处产生的电阻热，将其加热到塑性或局部熔化状态，然后在压力下形成焊接接头的方法。因为工件电阻很小，所以电阻焊一般在低电压（<6 V）、大电流（$10^3 \sim 10^4$ A）、交流电条件下进行焊接，这样可以在极短的时间内完成焊接。电阻焊分为点焊、缝焊和对焊。

① 点焊时，将工件搭接后放在柱状电极间，通电加压。由于两个工件接触面处电阻较大，通电后迅速升温并局部熔化，形成熔核。熔核的周围为塑性状态，熔核在压力作用下结晶，形成焊点。点焊属于搭接电阻焊，其接头形式如图 3-44 所示。点焊主要用于 4 mm 以下的薄板冲压壳体结构与钢筋结构的焊接，尤其用于汽车和飞机制造。

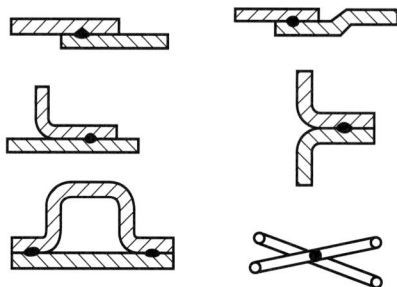

图 3-44 点焊接头形式

② 缝焊也属于搭接电阻焊，用滚盘做电极，盘状电极压紧并带动焊件进行焊接，形成一条密封性的连续焊缝。缝焊的分流作用较大，对于材料、厚度相同的焊件，所需焊接电流一般是点焊的 1.5 ~ 2 倍。缝焊适用于 3 mm 以下有气密性要求的薄壁结构，如油箱、管道等。

③ 对焊属于对接电阻焊。根据焊接过程的不同，对焊可以分为电阻对焊和闪光对焊。

● 电阻对焊时，先加预压，使两个焊件的端面紧密接触，再通电加热，使接触处升温至塑性状态，然后在断电的同时施加顶锻力，使接触处产生一定的塑性变形而焊合。电阻对焊通常用于截面简单、强度要求不高的工件的焊接。

● 闪光对焊时，先接通电源，再使焊件靠拢接触。电流通过接触点产生很大的电阻热，使接触点迅速熔化，并在电磁力作用下爆破飞出，产生闪光。在一定时间后，端面达到均匀半熔化状态，并在一定范围内形成一个塑性层。多次闪光将端面的氧化物清除干净，断电并加压顶锻，挤出熔化层，使其大量塑性变形而使焊件焊合。在闪光对焊过程中，工件端面氧化物与杂质会被闪光火花带出或随液体金属挤出，接头夹杂少、质量高，因此常用于焊接重要件。

（7）摩擦焊。

摩擦焊是利用焊件接触端面相互摩擦产生的热，使端面达到热塑性状态，然后迅速施加压力，实现焊接的一种固相压焊方法。

摩擦焊的优点是焊接质量稳定、焊件尺寸精度高、接头废品率低、焊接生产率高。摩擦焊不仅可以焊接同种金属，也可以焊接异种金属，如碳素钢、低合金钢与不锈钢、高速钢之间的连接，以及铜与不锈钢、铜与铝、铝与钢等的连接。摩擦焊加工费用低，省电，焊件无须特殊清理；易实现机械化和自动化，操作简单；焊接工作场地无火花、弧光及有害气体。

但是，摩擦焊具有明显的缺点，因为靠工件旋转实现焊接，所以焊接非圆截面比较困难。盘状工件及薄壁管件不易夹持，很难焊接。受焊机主轴电机功率的限制，摩擦焊不适合焊接大截面工件。摩擦焊机一次性投资大，适用于大批量生产。

（8）钎焊。

钎焊采用熔点低于母材的合金做钎料，加热时钎料熔化，并靠润湿作用和毛细作用填满并保持在接头间隙内，而母材处于固态，依靠液态钎料和固态母材间的相互扩散形成钎焊接头。

钎料是形成钎焊接头的填充金属，钎焊接头的质量在很大程度上取决于钎料。钎料应该具有合适的熔点、良好的润湿性和填缝能力，能够与母材相互扩散，还应该具有一定的力学性能和物理、化学性能，以满足接头的使用性能要求。

钎剂用于去除母材和钎料表面的氧化物和油污杂质，保护钎料和母材接触面不被氧化，增加钎料的润湿性和毛细流动性。钎剂的熔点应该低于钎料，钎剂残渣对母材和接头的腐蚀性应该较小。

按照钎料熔点的不同，钎焊分为硬钎焊与软钎焊两大类。

① 硬钎焊。钎料熔点高于 450 ℃ 的钎焊称为硬钎焊。硬钎焊常用钎料为黄铜钎料、银基钎料。用银基钎料的接头具有较高的强度、导电性和耐蚀性，钎料熔点较低，工艺性良好。但是，银基钎料价格较高，多用于要求较高的焊件，一般的焊件多采用黄铜钎料。硬钎焊常用钎剂为硼砂、硼酸、碱性氧化物的混合物。硬钎焊的接头强度为 200 ~ 490 MPa，多用于受力较大的钢和铜合金工件，以及工具的钎焊。

② 软钎焊。钎料熔点低于 450 ℃ 的钎焊称为软钎焊。软钎焊常用钎料为锡铅钎料，具有良好的润湿性和导电性。软钎焊常用钎剂为松香、氯化锌溶液。软钎焊的接头强度一般为 60 ~ 140 MPa，被广泛用于电子产品和汽车配件等的焊接。

钎焊一般采用板料搭接和套管嵌接的形式，如图 3-45 所示，这样可以通过增加焊件之间的结合面来弥补钎料强度的不足，保证接头的承载能力。这种接头形式还便于控制接头的间隙，适当的间隙可以使钎料在接头中均匀分布，达到最佳的钎焊效果。钎焊接头的间隙范围一般是 0.05 ~ 0.2 mm。

钎焊与一般的熔焊相比，工件加热温度低，组织和力学性能变化小，变形小，接头光滑平整，工件尺寸精确。钎焊可用于焊接性能差别较大的异种金属，对工件厚度差别无严格限制。对工件整体进行钎焊时，能够同时完成多条焊缝，因此钎焊的生产率高。同时，钎焊设备简单，生产投资小。但是，钎焊接头的强度较低，耐热能力差。

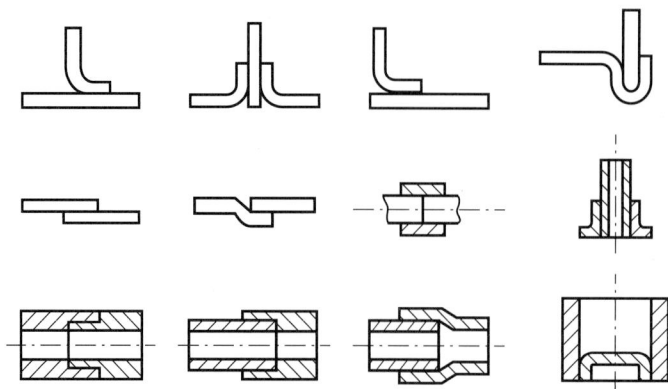

图 3-45 钎焊的接头形式

2. 焊接工艺设计

（1）焊接材料选择。

金属在一定的焊接工艺条件下，表现出来的焊接难易程度不一样，即金属的可焊性因材料不同而有所不同。

影响钢材焊接性能的主要因素是化学成分。钢的含碳量越低，焊接性能越好。随着含碳量的升高，钢的焊接性能下降。铸铁的含碳量较高，所以一般难以焊接，但可以焊补。

金属的可焊性不是一成不变的，同一种金属，采用不同的焊接方法、焊接材料及焊接工艺，其焊接性能可能有很大差别。例如，铝合金和钛合金采用焊条电弧焊的焊接性能不好，但在氩弧焊技术较为成熟之后，铝合金和钛合金的焊接结构在工业生产中应用得越来越广泛。

（2）焊接结构设计。

① 设计焊接结构时，应该尽量选用各种型材，如工字钢、槽钢、角钢和管材等，以降低结构质量，减少焊缝，简化焊接工艺，增加结构件的强度和刚度。如图 3-46 所示，箱体构件采用型材（b）或冲压件（c）焊接，比用板材焊接（a）减少两条焊缝。

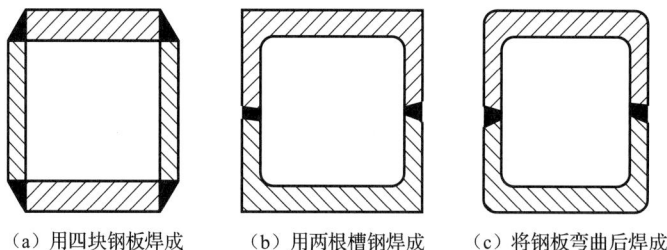

（a）用四块钢板焊成　　（b）用两根槽钢焊成　　（c）将钢板弯曲后焊成

图 3-46 合理选材减少焊缝数量

② 尽可能分散布置焊缝。焊缝集中分布容易使接头过热，使材料的力学性能降低。两条焊缝的间距一般要大于 3 倍或 5 倍的板厚，而且不小于 100 mm。如图 3-47 所示，（a）和（b）的结构不合理，焊缝密集，易产生焊接缺陷，应该分别改为（c）和（d）的结构形式。

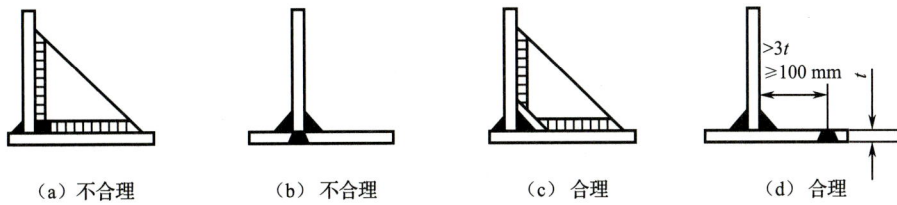

（a）不合理　　　　　　（b）不合理　　　　　　（c）合理　　　　　　（d）合理

图 3-47　焊缝分散布置的设计

③ 尽可能对称分布焊缝。如图 3-48 所示，焊缝的对称布置可以使各条焊缝的焊接变形相互抵消。

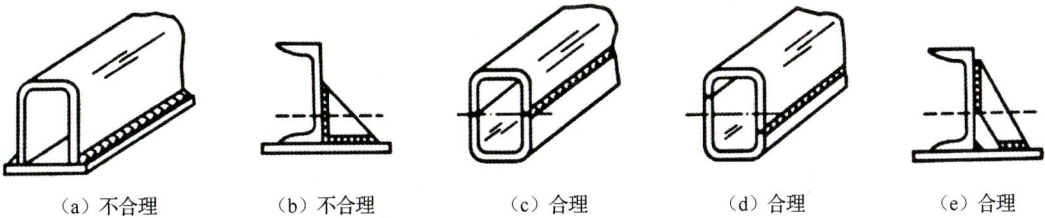

（a）不合理　　　（b）不合理　　　（c）合理　　　（d）合理　　　（e）合理

图 3-48　焊缝对称布置的设计

3.4.4　切削加工工艺

切削加工是用切削工具把坯料或工件上多余的材料切去，使工件获得规定的几何形状、尺寸和表面质量的加工方法，又称机械加工、冷加工。切削加工是典型的减材制造工艺，具有适应面广、方便灵活、加工精度高等优点。常见切削加工方式，如图 3-49 所示。

1. 车削

车削是在车床上生产圆形零件，或者各种内外回转表面和圆锥体表面的工艺，也可用于加工螺纹、钻孔、滚花等。

2. 铣削

铣削是用旋转的铣刀作为刀具，切出需要的形状，常用于加工平面、沟槽、各种成形面，如花键、齿轮和螺纹等。

3. 刨削

刨削主要用来加工平面（包括水平面、垂直面和斜面），也可用于加工直槽，如直角槽、燕尾槽和 T 形槽等。

4. 磨削

磨削是用磨料或砂轮等磨具切除工件上多余材料的加工方法。

5. 镗削

镗削是在空心工件或孔上精加工圆柱形内轮廓的一种工艺。镗削通常用来扩大工件上已有的孔，也可以用来钻孔和加工端面。

（a）车削加工

（b）铣削加工

（c）刨削加工

（d）磨削加工

（e）镗削加工

图 3-49　常见切削加工方式

3.4.5　3D 打印

1. 3D 打印的概念

近年来迅速发展的 3D 打印技术是快速成型（rapid prototyping，RP）技术的一种，是以数字模型文件为基础，运用可熔、可黏合的打印材料，通过材料堆积固化逐层打印的方式来构造产品或零部件的制造技术，又称为增材制造技术。3D 打印技术在一定程度上颠覆了传统的零件制造方式，并在生产复杂件方面具有独特优势，具有智能、个性、快速等许多优点。

2．3D 打印材料

可用于 3D 打印的材料很多，比较常见的是光敏树脂、工程塑料和金属。图 3-50 所示的自行车车架用光敏树脂 3D 打印而成。图 3-51 所示为用 ABS 工程塑料 3D 打印的齿轮。目前，3D 打印所用的金属以钢、钛、镍、铝等最为常见。由于铝合金具有出色的机械性能和低廉的价格，因此被认为是 3D 打印技术批量生产应用最具有潜力的材料之一。在航天、交通等领域，铝合金 3D 打印技术目前已经得到应用。例如，宝马 i8 汽车的车窗导轨、金属部件用铝合金制成，质量比通常使用的注塑成型塑料部件更轻，但硬度更高。图 3-52 和图 3-53 所示分别为用铝合金 3D 打印的电动摩托车车架和卡车部件。

3D 打印已经成功应用于节能环保、生物产业、航空航天、新型建筑、交通运输等许多行业，为传统制造业注入了新的生命力和创造力，同时为工业产品设计开辟了新的途径与巨大的设计空间。

图 3-50　3D 打印光敏树脂自行车车架

图 3-51　3D 打印 ABS 工程塑料齿轮

图 3-52　3D 打印铝合金电动摩托车车架

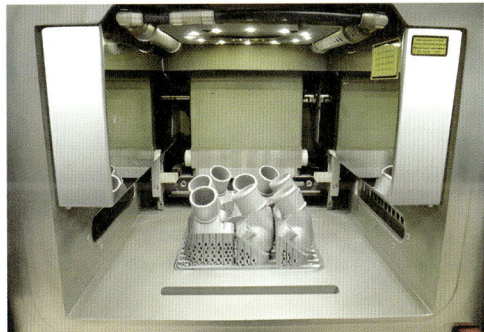

图 3-53　3D 打印铝合金卡车部件

3．3D 打印技术对产品设计的影响

（1）利用 3D 打印技术可以快速生产产品模型，既便于在产品投放市场前进行优化，又便于对产品设计的可行性进行准确评估。

（2）3D 打印技术的出现使设计师不再受传统生产加工方式的束缚，可以充分发挥想象力和创造力。

（3）3D 打印技术使产品设计更加开放，每个消费者都可以成为设计师和生产商。

（4）随着人工智能和大数据技术的发展，设计师可以利用计算机模拟和工程分析等技术进行设计，并借助 3D 打印形成新产品，使产品设计更加智能和高效。

3.5　金属热处理

3.5.1　热处理的概念

热处理是将金属或合金在固态下经过加热、保温和冷却三个步骤，改变其整体或表面的组织，从而获得所需性能的一种工艺。

热处理可以调整材料的工艺性能和使用性能，充分发挥材料性能的潜力，满足机械零件在加工和使用过程中对性能的要求。热处理的类型有多种，但都包括加热、保温和冷却三个阶段。

对大多数金属来说，热处理是保证材料达到最终性能要求的重要工艺手段。如果材料的热处理工艺性能不好，就容易产生严重的变形与开裂，导致报废，造成极大的浪费与损失。

热处理工艺可以是零件加工过程中的一个中间工序，如改善铸、锻、焊等毛坯组织的退火或正火，降低毛坯硬度，改善切削加工性能的球化退火；也可以是使工件性能达到规定技术指标的最终工序，如淬火和回火。

3.5.2　金属热处理工艺

生产中最常使用的热处理工艺包括退火、正火、淬火和回火等，如图 3-54 所示。

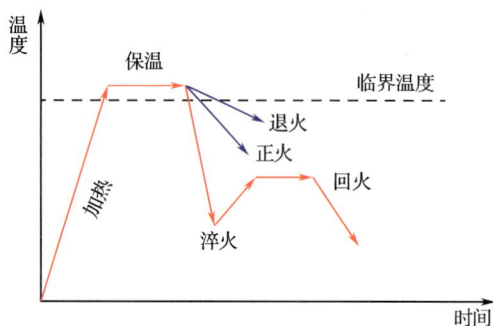

图 3-54　金属热处理示意图

1. 退火

退火是将钢加热到高于临界温度的一定温度并保温一定时间，然后随炉缓慢冷却的热处理工艺。不同的钢有不同的退火温度，通常在700~800℃温度范围。通过退火，可以调整合金硬度，使其便于切削加工，或者消除内应力，防止零件在加工中变形，也可以细化晶粒，为最终的热处理进行组织准备。对于不同的材料，为达到不同的热处理目的，可以采用不同的退火方式。常见的退火方式有完全退火、球化退火、去应力退火等。

（1）完全退火。

完全退火是将工件加热到临界温度以上获得完全的奥氏体组织，保温之后随炉缓慢冷却的退火工艺。完全退火常用于中碳以上的碳钢和合金钢，用于调整硬度、改善切削性能等。

（2）球化退火。

球化退火是将钢加热到临界温度保温后缓冷，使钢中渗碳体球状化的退火工艺。球化退火主要用于碳素工具钢、合金工具钢等含碳量较多的钢种，目的是使钢中渗碳体球化，从而降低硬度，改善切削性能。

（3）去应力退火。

去应力退火是将钢加热到低于临界温度的某一温度，保温后随炉缓慢冷却。去应力退火常用于消除铸、锻、焊工件的残余应力。

2．正火

正火是将钢加热到临界温度以上，保温一定时间后，在空气中冷却，从而得到珠光体类组织的热处理工艺。与退火相比，正火冷却速度快，所以零件组织较细，强度和硬度更高。

3．淬火

淬火是以获得马氏体组织为目的的热处理工艺。它是将工件加热至奥氏体化或部分奥氏体化的温度，然后以一定的冷却速度降到 M_s 点（马氏体开始转变的温度）以下，使钢发生马氏体转变。由于冷却速度很快，奥氏体中的碳来不及析出，全部保留在生成的马氏体中。因此，马氏体是碳在 α-Fe 中的过饱和固溶体。因为碳过饱和，使马氏体中的晶格畸变很严重，所以马氏体具有很高的强度和硬度。同时，马氏体内部也有较大的内应力，导致晶格不稳定，过饱和的碳原子有析出的趋势。

钢在淬火后通常要进行回火处理，使马氏体中过饱和的碳原子逐渐析出，形成碳化物。钢淬火后获得马氏体组织不是最终目的，而是通过随后的回火，使马氏体发生转变，并控制转变的程度，以获得不同的回火组织，使钢具有不同的性能，从而满足各类零件及工具的使用要求。

4．回火

回火是将淬火钢加热到某一温度，经过适当保温后冷却到室温的热处理工艺。

回火的时候，随着温度的升高，碳原子将逐渐从马氏体中析出。析出的碳原子逐渐形成过渡态碳化物，称为 ε-碳化物。同时，α 相的过饱和度有所下降。因此，低温回火的时候，会形成低碳 α 相和 ε-碳化物的混合组织，即 $M_回$。随着温度升高，碳原子继续析出并聚集形成碳化物 Fe_3C，α 相的过饱和度继续降低，在300~450℃范围形成针状 α 相（铁素体）和细粒状渗碳体 Fe_3C 的组织，即 $T_回$。当温度升高到500~650℃的时候，形成多边形铁素体和粗粒状渗碳体 Fe_3C，即 $S_回$。

根据回火温度和对淬火钢的力学性能的要求，回火一般分为三类，即低温回火、中温回火和高温回火。淬火与随后进行的高温回火称作调质处理，简称调质。钢的回火和回火产物，如表3-9所示。

表 3-9 钢的回火和回火产物

项　　目	低温回火	中温回火	高温回火	
回火温度	150 ~ 250 ℃	300 ~ 450 ℃	500 ~ 650 ℃	
回火组织	$M_回$	$T_回$	$S_回$	
回火目的	在保留高硬度、高耐磨性的同时，降低内应力	提高 σ_e 及 σ_s，同时使工件具有一定韧性	获得良好的综合力学性能，即在保持较高强度的同时，具有良好的塑性和韧性	
应　　用	适用于各种高碳钢、渗碳件及表面淬火件的处理	适用于弹簧热处理	广泛用于各种结构件，如轴、齿轮的热处理，也可用于量具精密部件等的预备热处理	

3.6 金属表面处理

表面处理技术是采用物理、化学、机械方法，改变或控制材料表面的化学成分或组织结构，从而获得所需的表面状态和性能，提高产品可靠性或延长产品使用寿命的各种技术的总称，也称表面改性。

表面处理可以提升产品外观、质感、功能等多个方面的性能。外观主要包括产品的颜色、图案、标志、光泽、线条等，质感指的是产品的手感、粗糙度等，而功能的提升往往体现在表面硬化程度、抗指纹、抗划伤、延长寿命等方面。

表面处理不必整体改善材料，只需进行表面改性或强化，就可以获得理想的表面性能。因此，表面处理既可以节约材料、节约能源，又可以延长零部件的使用寿命，提高可靠性和产品质量，增强产品的竞争力。

表面处理还能够提高产品的附加价值。这是由于产品与人的直接关系体现在视觉特性和触觉特性上，而视觉特性和触觉特性是通过产品的表面表现出来的，所以良好的表面处理可以带给使用者良好的使用体验，从而提高产品的附加价值。

3.6.1 表面处理的目的

表面处理主要有以下两个目的。

1. 保护产品，提高耐用性

表面处理可以保护产品的外观，提高其耐用性，确保产品的安全性。

2. 装饰和改善

表面处理可以改变产品的表面状态，赋予产品表面更丰富的色彩、光泽、肌理等，从而带来不同的质感，获得不同的造型设计效果。

表面处理可以改变产品的外观属性，既能使相同材料具有不同的感觉特性，又能使不同材料获得相同的感觉特性。

3.6.2　表面处理的类型

产品设计常用的表面处理技术一般可以分为以下三类。

1．表面被覆
表面被覆分为镀层被覆、涂层被覆和珐琅被覆。镀层被覆是在制品的表面镀覆一层具有金属特性的镀层。涂层被覆是在制品表面涂覆有机物层膜，干燥后得到表面涂层。珐琅被覆是用玻璃质材料在金属制品表面形成一层被覆层。

2．表面层改质
表面层改质是通过化学处理或氧化技术改变原有材料表面的性质，提高原有材料的耐蚀性、耐磨性和色泽等。常用的处理方法主要有化学处理和阳极氧化处理。

3．表面精加工
表面精加工是通过切削、研磨、喷砂、抛光、蚀刻等技术对材料表面进行精细加工，将材料加工成平滑、光亮、美观或具有凹凸肌理的表面状态。

3.6.3　金属表面处理工艺

1．金属镀层被覆
金属镀层被覆是采用化学镀、电镀、真空蒸发沉积镀和气相镀等方法，在产品表面沉积金属、金属氧化物或合金等，形成均匀膜层。

其中，电镀是用电化学方法在含有金属离子的镀液中，以镀件为阴极，通过电解作用，使镀液中的金属离子在镀件表面还原，形成具有装饰性、保护性和功能性的金属镀层。电镀原理，如图 3-55 所示。

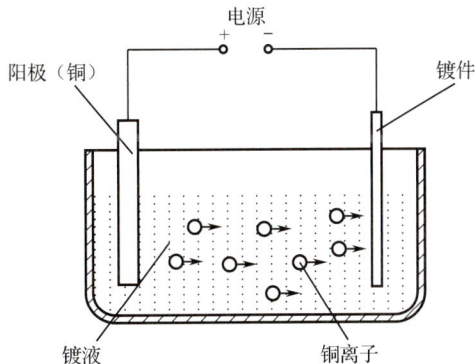

图 3-55　电镀原理示意图

镀层大多数是单一金属，如锡、钛、锌、铬、金、铜等。镀层也有复合层，如在钢铁表面上镀铜 - 镍 - 铬层。除钢铁等金属材料外，镀件还可能是非金属材料，如 ABS 塑料、聚丙烯塑料和酚醛塑料等。其中，ABS 塑料因结构上的优势，不仅具有优良的综合性能，易于加工成型，而且材料表面易于侵蚀而获得较高的镀层结合力，所以目前在塑料电镀中应用很普遍。塑料电镀制品具有塑料和金属两者的特性，比重小，强度高，耐蚀性好，成型简便，还可以节省金属材料，而且具有金属光泽和质感，装饰性强。图 3-56 ～图 3-58 所示为电镀产品。

图 3-56　镀铜笔插摆件

图 3-57　镀铬水龙头

图 3-58　塑料电镀制品

2. 涂层被覆

涂层被覆是用浸涂、刷涂、喷涂等方法在制品表面涂覆一层以有机物为主体的膜层，干燥后成膜。涂层主要有以下三个作用。

（1）保护作用。

涂层可以防止制品表面被腐蚀、划伤和脏污，提高制品的耐久性。

（2）装饰作用。

将制品表面装饰成涂层具有的色彩、光泽和肌理，可以使制品变得美观。

（3）特殊作用。

具有特殊功能的涂层可以起到隔热、绝缘、耐水、耐辐射、杀菌、吸收雷达波、隔音、导电等作用。

3．珐琅被覆

珐琅被覆是将玻璃质材料涂在铜质或银质器物上，经过高温烧制，形成不同颜色的釉质表面。搪瓷、景泰蓝等均为珐琅制品。珐琅层具有优良的装饰性，可以使制品更坚固和耐腐蚀，但在受到外力冲击和温度变化大时易剥落。图 3-59 所示为珐琅制品。

4．阳极氧化处理

通过电化学作用使金属表面形成氧化膜的工艺称为阳极氧化，被广泛用于铝合金制品的生产。

铝的阳极氧化是将铝或铝合金置于电解液中作为阳极，在特定条件和外加电流作用下，阳极的铝或铝合金被氧化，表面形成氧化铝薄膜。

氧化铝薄膜的密度为 3.1 g/cm^3，厚度为 3 ～ 60 μm（硬质阳极氧化膜的厚度可达 200 μm），有很大的附着力，一般不会从基体脱落。氧化铝薄膜的硬度和耐磨性远高于铝或铝合金，而且具有很大的电阻，可用于需要电绝缘的场合。氧化铝薄膜具有很高的孔隙率和吸附性，可以吸附多种染料，从而获得各种鲜艳色彩。图 3-60 所示为表面经阳极氧化的铝壶。

图 3-59　清朝珐琅熏炉　　　　图 3-60　表面经阳极氧化的铝壶

5．化学处理

化学处理是通过氧或碱液的作用使金属表面形成氧化物或无机盐覆盖膜。化学处理形成的覆盖膜对基体材料有良好的附着力，对基体材料具有保护性，并且提高了耐磨性。钢铁材料的发蓝处理是最常用的金属化学处理方法之一。

将钢铁零件放在加有亚硝酸钠的浓苛性钠溶液中加热，可以在零件表面形成蓝黑色的四氧化三铁，这种表面处理方式称作发蓝。发蓝膜的成分主要是四氧化三铁，厚度为 0.5 ～ 1.5 μm，颜色与材料成分和工艺条件有关，有灰黑、深黑、亮蓝等。例如，45 号钢发蓝后为黑色，30Cr 钢发蓝后为棕色。单独的发蓝膜耐蚀性较差，但经过涂油、涂蜡或涂清漆后，其耐蚀性和耐摩擦性都有所改善。发蓝对工件的尺寸和光洁度影响不大，故常用于精密仪器。

6．表面镶嵌

金属表面镶嵌在我国有悠久历史，早在青铜器时代就已经出现，镶嵌物有金银丝、红铜丝、绿松石、玉、红玛瑙等。

镶嵌金银丝时，在金属表面刻画出凹槽，嵌入金银丝，然后打磨平整，使金银丝与铜器表面自然光滑，达到严丝合缝的地步。金银丝镶嵌工艺又称为金银错，金银的纯净和绚丽为铜器增添了富丽和华贵色彩。图 3-61 和图 3-62 所示为金属表面镶嵌制品。

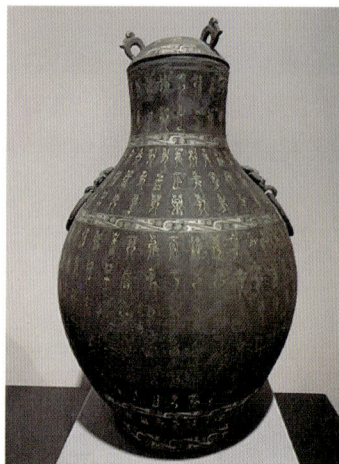

（a）西汉文物　　　　　　　　　　　（b）战国文物

图 3-61　金银丝镶嵌

图 3-62　金属表面镶嵌

7. 表面蚀刻

对金属表面用酸进行腐蚀，得到一种斑驳、沧桑的装饰效果，这种表面处理工艺称为表面蚀刻。金属表面蚀刻，如图 3-63 所示。

在金属表面涂上一层沥青，接着在沥青表面刻画设计好的纹饰，将需要腐蚀部分的金属露出，即可进行腐蚀。表面蚀刻工艺根据产品大小选择浸涂还是刷涂，小件一般采用浸涂方式。酸具有腐蚀性，在操作时应该注意安全防护。

图 3-63　金属表面蚀刻

3.7 金属在产品设计中的应用

金属是在工业设计中最主要和最基本的结构材料。金属及其合金在力学和加工工艺等方面具有一系列特殊的优异性能，不仅可以保证产品使用功能的实现，而且可以赋予产品一定的美学价值，使产品呈现出结构美、造型美和质地美。

3.7.1 金属在产品设计中的特点

1．金属赋予产品的使用性能

根据产品的功能要求，材料需要保证产品使用性能的实现。不同的金属会赋予产品不同的使用性能。

不锈钢强度高，耐腐蚀，具有银光闪闪的光泽，被广泛用于制造餐具、手术器械等产品。

铸铁具有良好的力学性能，易于铸造生产，价格低廉，可以用来制作机械产品中的底座、机体、外壳、支架、活塞、导轨等零件。铸铁材料加工表面的银灰色及刀具痕迹，加之表面处理带来的色彩和光泽，相互辉映，构成铸铁产品特有的机械美。

铝合金密度小，强度高，易于成型，颜色亮丽时尚，易于回收。在机械零件轻量化的今天，对于要求质量轻而本身载荷不大的精密小型零件，可以考虑用铝合金制造，如电动工具、飞机和汽车等设备上的零件。不同成分的铝合金可以通过塑性成型或铸造的方式制成产品。

2．金属赋予产品的质感特点

表面光滑、精加工的金属表面让人产生细腻、高贵、光洁、凉爽的感受，而锈蚀的金属器件令人产生粗、涩、脏等不快心理，这是金属给人的触觉质感。

视觉质感相对于触觉质感有一定的间接性、经验性，具有相对的不真实性，由此出现各种表面处理工艺。金属因具有优良的属性，成为其他材料的模仿对象。例如，在塑料上烫印铝箔，以呈现金属质感。

金属质地坚硬，具有特有的色彩和光泽，这是金属的自然质感。金属的人为质感主要是通过各种加工和表面处理手段来体现金属的坚硬质地与炫目的色彩和光泽。

总的来看，金属具有坚硬、人造、光滑、理性、拘谨、现代、科技、冷静、凉爽、笨重等感觉特性。除此之外，金属的质感还与成型工艺、表面处理工艺等有关，通常表现为同质异感、异质同感。

3.7.2 金属应用实例

图 3-64 所示的椅子所用材料为变形铝合金，采用整块铝板制成，椅子的前后腿与椅面为一个整体。椅子采用的加工工艺是整板落料之后冲孔，并随后进行切割和弯曲。在椅面上冲孔是为了美观和减轻质量。

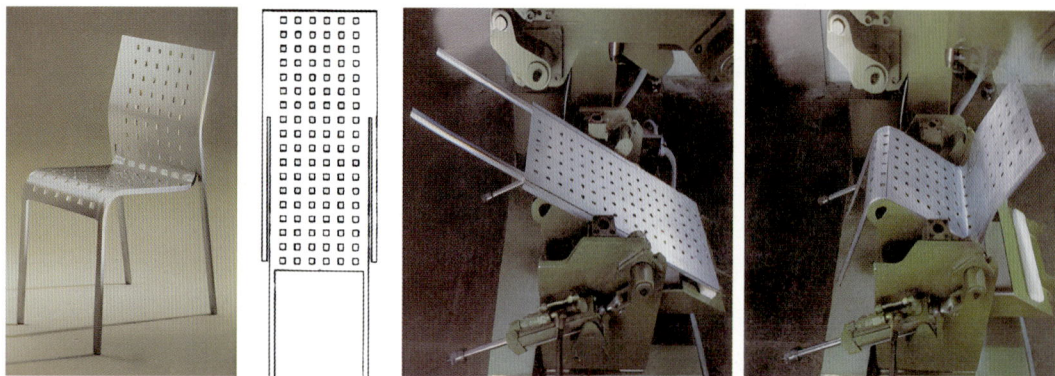

图 3-64　铝合金椅子及其成型

　　图 3-65 所示为铜管焊接后表面保留的焊接痕迹。焊接后的挫平、抛光是一种工艺美，有意识地保留焊接痕迹，能够产生奇特的肌理美，丰富产品的艺术美感。

　　图 3-66 所示为银手镯。设计师在设计这款银手镯时，很好地把握了线材的形态变化和组合特征。设计师运用重叠、并列、虚实、渐变等手法产生丰富的视觉效果，充分展现了金属线材的材质与造型的美感。

图 3-65　焊接的铜管

图 3-66　银手镯

　　手工锻造是一种古老的金属加工工艺，是利用金属良好的塑性，以手工锻打方式，在金属板上锻造出各种高低凹凸不平的浮雕效果。图 3-67 所示为锻铜浮雕。

图 3-67　锻铜浮雕

图 3-68 所示的餐具采用表面蚀刻工艺，表面具有斑驳、沧桑的肌理效果。这样的处理丰富了设计细节，使勺子在满足人们使用要求的同时，也满足了人们日益变得挑剔的视觉要求。

不锈钢材料要具有亚光效果，可以通过研磨、喷砂和化学处理等工艺达到。在图 3-69 所示的设计中，研磨工艺的应用使眼镜盒的设计更加朴素、简洁。整个设计理念在于在材料、造型和功能之间达到完美的和谐。

图 3-68　表面蚀刻餐具

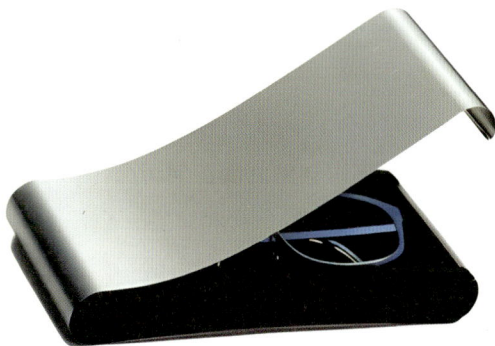

图 3-69　不锈钢眼镜盒

图 3-70 所示为铝镁合金笔记本电脑。铝镁系合金具有密度小、散热性好、抗压强度高的性能优点，能够满足计算机、手机、相机、投影仪等电子信息产品高度集成化、轻薄化、微型化、抗冲击及电磁屏蔽和散热等要求。银白色的铝镁合金外壳使产品显得更加时尚美观，而且易着色，从而为笔记本电脑增色不少，受到众多年轻人的喜爱，这是工程塑料与碳纤维难以比拟的。因此，铝镁合金成为笔记本电脑的首选外壳材料。目前，大部分厂商的笔记本电脑产品均采用铝镁合金外壳技术。铝镁系合金密度小，是汽车、飞机等交通工具首选的轻量化材料。

图 3-70　铝镁合金笔记本电脑

图 3-71 所示为德国拜雅出品的 PRO X 系列话筒，该设计获得 2022 年德国红点最佳设计奖。话筒以极简主义和铝制外壳的高品质外观令人印象深刻。话筒具有现代感的外观，其雕塑一般的形式被钢网打断，赋予其存在感和很高的识别度。另外，话筒几乎所有零部件均可以更换，这种灵活的架构设计理念，为用户提供了更多的可能，带来更好的使用体验。

图 3-72 所示为美国 LARQ 公司生产的一款不锈钢滤水器保温瓶，该设计获得 2022 年德国红点最佳设计奖。保温瓶具有纤细的轮廓，便于人们握在手中。保温瓶外表面采用双色粉末涂层，加上极具吸引力的配色，构成充满活力的外观，给人留下深刻的印象。保温瓶更具创新之处在于自带净水系统，可以让人们在出行时方便地喝到干净的水。

图 3-71　德国拜雅 PRO X 系列话筒

图 3-72　美国 LARQ 保温瓶

3.7.3　汽车用金属材料

汽车由上万个零部件组装而成，这些部件是由不同材料制成的。在这些材料中，以金属为主，塑料、橡胶、陶瓷、玻璃等占有一定的比例。下面对汽车外形设计中经常接触到的典型零件的选材进行简要介绍。

1．车身面板

车身面板主要包括车门、A 柱、B 柱、侧围板、发动机罩、车顶等。

车门为驾驶员和乘客提供出入车辆的通道，其最大作用是提供安全保障，即在车辆发生侧面撞击的时候保证乘员的安全。车门还可以隔绝车外的干扰，如噪声、雨水等。另外，车门的造型关系到汽车的美观。

汽车的撞击安全性能非常重要，要求车门所用材料具有高强度、高刚性、抗凹陷性，以及良好的成型性能。早期的汽车车门多采用普通低碳钢板，如 A3 钢，用厚板保证汽车具有较高的安全性能。20 世纪 70 年代，随着世界能源危机的出现，以及随后而来的人们对汽车轻量化的要求，高强度钢薄板逐渐取代了之前的低碳钢板。车门包括外板和内板。内板一般要求强度高，所用材料大多数是抗拉强度在 400 MPa 以上的高强度钢，以保证具有较高的撞击安全性能。除有强度要求外，外板还要有优良的表面质量和良好的冲压性能，以保证具有较高的成品合格率。有的汽车车门的内板和外板均采用钢板，有的采用钢制内板和铝合金外板，有的内板和外板均采用铝合金。

A 柱、B 柱、侧围板等与车门类似，在汽车受到撞击时也应该具备较高的安全性能。因此，在选材方面，很多汽车采用高强度钢板，甚至抗拉强度超过 800 MPa 的超高强度钢板。

除高强度钢薄板之外，铝合金也已经被广泛用于制造车身面板。例如，奥迪、捷豹等汽车制造商早已经开发使用全铝车身。

2．车轮

汽车车轮是汽车行驶系统的重要部件，应该能够完全支撑整车质量，确保汽车正常和安全行驶，并尽可能给乘员带来舒适感。因此，汽车车轮需要具有强度高、质量轻、减振等性能。

汽车车轮位于轮胎和车轴之间，由轮辋、轮辐、轮毂、螺栓等组成。

轮辋又称为轮圈，是用来安装和支撑轮胎的。在生产中，轮辋经下料、卷圈、焊接、去飞边、扩口、打充气孔等工序形成。轮辐连接轮辋和轮毂，起支撑作用。轮辐经过拉深、镦形、冲孔、翻边等工序形成。轮辐和轮辋通过焊接组装而成，然后与轮毂通过螺栓连接在一起。轮毂通过轴承安装在车轴上，是承重部件。图 3-73 和图 3-74 所示分别为轮毂及其在车轮中的位置。

轮毂的材料一般选用铸铁、铸钢、铝合金、镁合金。普通车辆轮毂以铸钢为主，采用低压铸造。由于汽车轻量化的要求，目前大部分车型使用铝合金轮毂。铝合金密度小、减振、强度较高、外形美观、不易腐蚀，是轮毂的首选材料。铝合金轮毂包括铸造铝合金轮毂和锻造铝合金轮毂，铸造铝合金轮毂应用更为广泛。其中，ZL101A 以铸造性能优良、成本低等优点成为最常见的铸造轮毂材料。一些超级跑车或高性能汽车，常常选配铝合金锻造轮毂，甚至作为标配，锻造铝合金轮毂质量更轻、强度更高，对汽车日常加速、提高行驶稳定性等都是有利的。

图 3-73 轮毂

图 3-74 轮毂在车轮中的位置

3. 保险杠

保险杠位于汽车前后部位，是汽车前部与后部被撞击时最先受到冲击的部位，因此保险杠材料需要具备高强度、高刚度。作为汽车外轮廓的一部分，保险杠还要具有良好的冲压成型性能。汽车保险杠，如图 3-75 所示。

保险杠可以采用热轧钢板制造，如钢号为 20、25 和 Q345 的低碳钢板。改性聚丙烯具有较好的强度、刚性和装饰性，而且成本低、密度小，也可用于制造汽车保险杠。高强度钢的开发使用日渐成熟，现在也逐渐被用于制造保险杠。

图 3-75 汽车保险杠

思考题

1. 金属的晶体缺陷有哪些？
2. 固态金属有哪些类型的相？请简述其特点。
3. 什么是铁的同素异构转变？
4. 常用铸铁有哪些类型？
5. 下列牌号表示什么材料？请说明其符号、数字代表的意义。

    45、T10、Q235、60Si2Mn、20Cr、GCr15、12Cr18Ni9
6. 不锈钢为什么具有耐蚀性？
7. 金属的工艺性能有哪些？
8. 铸造、锻压、焊接等成型方法的特点分别是什么？
9. 什么是3D打印技术？该技术的特点是什么？
10. 简述钢的退火、正火、淬火和回火的意义。
11. 什么是表面处理技术？为什么表面处理能够提高产品的附加价值？

第4章
塑料与工艺

塑料是以合成树脂为基本成分，加入不同添加剂形成的一种材料。塑料在一定温度、压力和时间下可以制成规定形状和尺寸，并且具有一定功能的制品。

在塑料出现之前，人们从大自然寻找并使用天然材料用于生活和生产。例如，用金属制作农具、武器，用棉、麻、毛、丝制作衣服，用皮革制作鞋子、靴子，用木材建造房屋、家具。20世纪初，以煤焦油为原料的酚醛树脂面世，标志着塑料时代的来临。此后，塑料发展极为迅猛，给人们的生产和生活带来极大便利。人类进入全新的合成高分子材料时代。

塑料具有许多优点，如密度小、比强度高、耐冲击性好、绝缘性好、耐腐蚀、耐磨、易加工、可任意着色、价格低廉等，而且品种繁多。塑料在仪器仪表、电子电器、交通运输、日用杂货、农业轻工等领域都占据重要地位，应用十分广泛。

在工业设计领域，塑料是极为重要的造型材料，塑料的运用使许多产品设计具有技术及经济上的可行性。例如，潘顿椅采用塑料一次成型工艺，造型流畅大气、色彩艳丽、雕塑感强，其优美的曲线造型和简洁的工艺是其他材料难以企及的，如图4-1所示。虽然与金属、玻璃、陶瓷、木材等材料相比，塑料是新兴的材料，但具有特殊的性能和加工、成本等方面的优势，所以在现代工业产品中的应用比例越来越高。

图4-1　潘顿椅

4.1.1 高分子材料的一般知识

高分子材料又称高分子化合物或高分子聚合物，是以有机高分子化合物为主要组分的材料，常称聚合物或高聚物。高分子化合物的相对分子质量往往很大，一般在 5000 以上，有的甚至高达几百万。高分子材料主要是由碳、氢、氧、氮等原子以共价键方式构成的大分子链组成的，大分子间的结合力为分子间力。

高分子化合物有天然的，如蚕丝、天然橡胶、羊毛等，也有人工合成的，如塑料、合成橡胶、合成纤维、胶黏剂和涂料等。工业用高分子材料主要是人工合成的。

1. 高分子材料的组成

高分子化合物由一种或多种低分子化合物通过聚合反应获得，组成聚合物的低分子化合物称为单体。

例如，由乙烯合成聚乙烯：

$CH_2=CH_2+CH_2=CH_2+\cdots \rightarrow -CH_2-CH_2-CH_2-CH_2-\cdots$，乙烯（$CH_2=CH_2$）称为单体。该式也可以简写为：

$n(CH_2=CH_2) \rightarrow [-CH_2-CH_2-]_n$

聚合物的分子为很长的链条，称为大分子链。大分子链中重复结构单元（如聚乙烯中的—CH_2—CH_2—）称为链节。大分子链中链节的重复次数称为聚合度，用 n 表示。图 4-2 所示为聚乙烯分子链示意图。

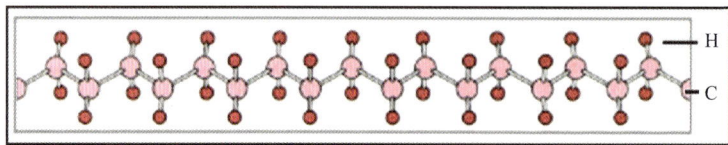

图 4-2 聚乙烯分子链示意图

2. 高分子材料的结构

高分子材料的结构包括大分子链结构和聚集态结构。

（1）高分子材料的大分子链结构。

① 大分子链的化学组成。

根据组成元素的不同，大分子链可以分为碳链大分子、杂链大分子、元素链大分子三类。碳链大分子的主链全部由碳原子相互连接，若主链上除了碳原子还有别的原子（如氧、氮）等，则为杂链大分子，如果主链上没有碳原子，而是硅、氧、硼、硫等元素的原子，则称为元素链大分子。

② 大分子链的柔性。

大分子链主链共价键有一定的键长和键角，单键在保持键长和键角不变时可以任意旋转，称为单键的内旋转。内旋转使大分子链卷曲成各种不同的形状，对外力有很大的适应性，这种特性称为大分子链的柔性。这是聚合物具有弹性的原因。大分子链的柔性与单键内旋转的难易程度有关。内旋转困难，大分子链的柔性就差，如聚苯乙烯分子链的柔性不如聚乙烯，因此聚苯乙烯硬而脆，聚乙烯软而韧。

③ 大分子链的形状。

按照大分子链的几何形态，可以将高分子化合物分为线型结构、支链型结构和体型结构，如图 4-3 所示。线型结构聚合物的弹性、塑性好，硬度低，是热塑性材料。支链型结构近于线型结构。体型结构聚合物硬度高，脆性大，无弹性和塑性，是热固性材料。

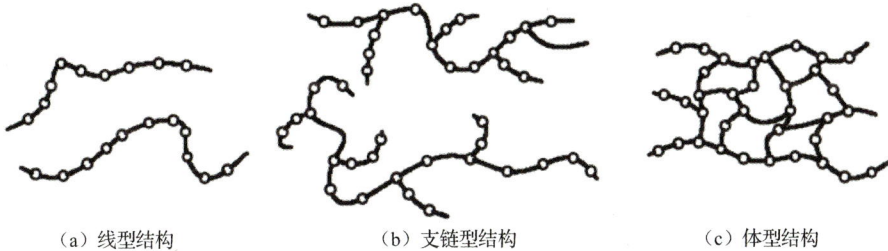

| （a）线型结构 | （b）支链型结构 | （c）体型结构 |

图 4-3 大分子链形态示意图

（2）高分子材料的聚集态结构。

固态聚合物分为晶态和非晶态两类。晶态是分子链排列规则的部分，非晶态是分子链排列不规则的部分。

① 非晶态聚合物的结构。

线型大分子的分子链长，很难规则排列，排列混乱无序，形成无规线团的非晶态结构；体型大分子聚合物的分子链间有大量交联，分子难以有序排列，也多呈无序排列的非晶态结构。

② 晶态聚合物的结构。

线型、支链型、体型聚合物在一定条件下均可固化为晶态结构，但不可能完全晶化。典型的晶态聚合物，如聚乙烯，结晶度仅 50% ~ 80%，其他为非晶态。因此，晶态聚合物实际是晶态与非晶态的集合结构。

4.1.2　塑料的组成

塑料是以有机合成树脂为基础，加入添加剂组成的。

1. 合成树脂

合成树脂是将低分子有机化合物经过化学合成制成的与天然树脂具有某些相似性能的树脂状产物，是塑料的主要组成部分，在塑料中含量为 40% ~ 100%。因此，塑料的性能主要取决于树脂的种类、性能和用量，而且绝大多数塑料是以所用的树脂名称命名的。

2. 添加剂

添加剂是为了改善塑料的性能而加入的物质。常用的添加剂有以下四种。

（1）填充剂。

填充剂又称填料，按照形状可以分为粉状、纤维状和片状，用量一般为 20% ~ 50%。在塑料中加入填料的目的主要是调整塑料的性能，提高机械强度，节约树脂用量，降低塑料制品的成本。

例如，加入纤维可以提高塑料的机械强度，加入铝粉可以提高塑料的反光和防老化能力，加入石棉可以提高塑料的耐热性，加入石墨、二硫化钼可以提高塑料的耐磨性能。

（2）增塑剂。

为了提高塑料的可塑性，便于成型加工，通常向树脂内加入一些分子量比较小、难以挥发的低熔点固体或高沸点黏稠液体有机物作为增塑剂。加入增塑剂后，塑料的软化温度降低，塑性、韧性和弹性提高，硬脆性降低。常用的增塑剂有邻苯二甲酸酯类、磷酸酯类等。

（3）固化剂。

固化剂又称硬化剂或交联剂。固化剂的主要作用是通过交联作用，使塑料由热塑性的线型结构变为热固性的网型结构，从而使塑料制品更加坚硬。常用的固化剂有胺类、酸酐类等。

（4）稳定剂。

稳定剂又称防老剂。为了防止和延缓塑料制品老化，在塑料生产过程中往往加入少量能够起到稳定作用的物质。例如，能够抗氧化的物质有酚类和胺类等有机物；在塑料中加入碳黑作为吸收剂，可以提高其耐光辐射的能力。

此外，在塑料生产中还会用到着色剂、润滑剂、阻燃剂、发泡剂、抗静电剂等添加剂，这些添加剂根据塑料品种和产品功能需要添加。

4.1.3　塑料的分类

1．按照受热后的性能分类

塑料按照受热后的性能，可以分为热塑性塑料和热固性塑料。

（1）热塑性塑料。

热塑性塑料的特点是加热时可以变软、熔融，冷却时凝固变硬，并可以多次反复加热使用。热塑性塑料常见的有聚乙烯、聚丙烯、聚苯乙烯、聚酰胺、聚甲醛、聚碳酸酯等。

（2）热固性塑料。

热固性塑料只在第一次加热时软化流动，到达一定温度后产生化学反应，固化变硬，再次加热不再软化，因此在工艺上不具备重复加工性。常见的热固性塑料有酚醛、环氧树脂、呋喃等。

2．按照使用范围分类

塑料按照使用范围可以分为通用塑料和工程塑料。

（1）通用塑料。

应用范围广、生产量大的塑料称为通用塑料。通用塑料产量大，价格低，力学性能一般，主要用于生产强度要求不高的非结构材料。例如，聚丙烯、聚氯乙烯、聚乙烯、聚苯乙烯、酚醛和氨基塑料都是通用塑料，被广泛用于生产日常生活用品和包装材料。

（2）工程塑料。

工程塑料是指力学性能，以及耐热、耐寒、耐磨、耐蚀、绝缘等综合工程性能良好的新型塑料，常见的有聚酰胺、聚甲醛、聚碳酸酯，以及 ABS 塑料、氟塑料。工程塑料多用于工程结构、机械零部件、工业容器等。

4.2 塑料的性能

4.2.1 塑料的物理和化学性能

1. 物理性能

（1）密度。

普通塑料的密度为 0.83 ～ 2.3 g/cm³，约为钢的 1/5，特别适合生产轻巧的日用品和家用电器零件。采用发泡方法制作的发泡塑料，密度可以小到 0.01 ～ 0.5 g/cm³。

（2）电气绝缘性。

塑料主要以共价键结合，没有自由电子和可移动的离子，具有优异的电气绝缘性，可与陶瓷、橡胶等绝缘材料相媲美，是电子工业必不可少的绝缘材料。

（3）热、声的传导性。

塑料对热、声有良好的隔离性能，因此也用于制造绝热、保温，以及隔音、吸音等方面的部件。

2. 化学性能

塑料化学稳定性高,耐酸碱腐蚀,因此防护性好,可以防水、防潮、防腐蚀等,用于制造食品、化工等行业的包装材料和防护材料等。

3. 塑料的缺陷

塑料存在老化问题。塑料制品在使用过程中受到热、光、力、氧、水蒸气、微生物等因素的作用，会逐渐失去弹性，出现开裂、变硬变脆或发黏软化、失去光泽等现象。可以通过塑料电镀、涂防老化涂料、加防老剂，以及改进塑料件的结构等措施，提高塑料件的稳定性，延缓老化。

4.2.2 塑料的力学性能

塑料的强度较低，但密度小，因此比强度高。

塑料的塑性好，优于大多数金属，但冲击韧性低于金属，因为冲击韧性与抗拉强度和延伸率都有关系。通过提高强度，可以提高塑料的韧性。

塑料的硬度低于金属，但耐磨性能远高于金属。同时，塑料具有良好的自润滑性，因此可用于制造轴承、轴套、凸轮等耐磨零件。在无润滑或少润滑的摩擦条件下（例如，不适合添加润滑油的食品、医药的生产设备），选用工程塑料件替代金属件尤为必要。

4.2.3 塑料的工艺性能

1. 成型工艺性能

图 4-4　家用吸尘器

塑料产品可以整体化设计，造型设计不受限制，成型过程简单方便，可以让设计师自由表达构思，即使形状复杂也可以一次成型。例如，图 4-4 所示的家用吸尘器的外壳，线形圆滑流畅，用塑料制作成型最简单，而且经济、美观、质轻。在家电、家具等领域，一次成型的塑料产品非常多。

因此，塑料在造型方面非常具有优势，可以用最少的劳动将其加工成具有所需性能且几何形状复杂的产品。与铸造、锻压等工艺相比，塑料成型工艺工序少、成本低、效率高，这也是塑料在工业设计领域迅速发展的原因之一。

2. 表面处理工艺性能

塑料制品易于着色，表面美观、细腻、纯净，经过表面处理后，可以在表面形成各种形式的花纹，还可以模拟木材、金属等材料的天然质地美，达到以假乱真的外观效果。

丰富的表面处理效果使塑料制品在满足使用性能的同时，又带给人们良好的使用体验。

4.3　产品设计中常用的塑料

4.3.1 通用塑料

1. 聚乙烯（PE）

在所有塑料中，聚乙烯产量居首，在生活和生产中用途十分广泛。

聚乙烯由乙烯基单体聚合而成，是热塑性塑料，轻于水，无毒，具有良好的耐蚀性和电绝缘性。

根据合成方法不同，聚乙烯分为高压、中压、低压三种。高压聚乙烯密度较小，质地较柔软，适宜制造塑料薄膜、食品保鲜膜、塑料瓶，还可用于制造超市用的平口袋。低压聚乙烯密度较大，质地刚硬，耐磨、耐蚀性好，常用于制造塑料管、绳索、塑料板材，以及承载强度要求不高的齿轮、轴承等。图 4-5 所示为聚乙烯塑料瓶。

用火焰喷涂法或静电喷涂法将聚乙烯喷涂在金属表面，可以提高金属构件的减摩性和耐蚀性。

2．聚氯乙烯（PVC）

聚氯乙烯的密度大于聚乙烯，因极性氯原子的存在，所以其强度、刚性、硬度都优于聚乙烯，具有良好的耐蚀性和电绝缘性，产量仅次于聚乙烯。聚氯乙烯常用于制造建筑领域里的各种管材、板材、壁纸、百叶窗、窗帘等，以及家用电器外壳、电缆包皮、电线绝缘层、人造革、防雨布、手套等。图4-6所示为聚氯乙烯软皮本。

图 4-5　聚乙烯塑料瓶

图 4-6　聚氯乙烯软皮本

3．聚丙烯（PP）

聚丙烯密度小（比重为 0.9 ~ 0.91），其强度、刚性、硬度都优于聚乙烯，具有良好的耐蚀性、电绝缘性，无毒无味，并有良好的耐热性，可在 100 ~ 120 ℃下使用，能够经受水煮消毒。

聚丙烯原料易得，价格便宜，常用于制造医疗器械，也可用于制造各种机械零件、生活用具、化工管道和容器等。图4-7所示为聚丙烯餐盒。

图 4-7　聚丙烯餐盒

4．聚苯乙烯（PS）

聚苯乙烯具有良好的耐蚀性和电绝缘性，尤其是高频绝缘性，但耐冲击性和耐热性比较差，易燃、易脆裂，最高使用温度小于 80 ℃。聚苯乙烯无色透明，透光率仅次于有机玻璃，着色性好，吸水性极小，常用于制造绝缘件、仪表外壳、灯罩、日用装饰品、食品盒等。聚苯乙烯泡沫塑料的密度仅 0.033 g/cm³，是极好的隔声、包装、打捞、救生用材料。

5．ABS 塑料

ABS 塑料是丙烯腈、丁二烯、苯乙烯三种单体的共聚物，是三元共聚物，类似金属材料中的合金，具有强度高、坚硬、耐冲击等优良的力学性能。同时，ABS 塑料具有良好的电绝缘性、耐热、耐冷冻，以及易于成型等优点。

通过调整 ABS 塑料各单体的含量，可以在较宽的范围内调节其性能。因此，ABS 塑料的用途相当广泛，可用于制造齿轮、轴承、把手、开关按钮、家用电器外壳、行李箱、冰箱衬垫、汽车挡泥板、汽车内饰等，如图4-8所示。

图 4-8　ABS 塑料用于制造家用电器和行李箱

6. 酚醛塑料（PF）

酚醛塑料是由酚类和醛类化合物在酸性或碱性催化剂作用下缩聚合成酚醛树脂，再加入添加剂制成的聚合物。

热固性酚醛塑料通常由酚醛树脂和各种填料混合制成粉状（电木粉或胶木粉）供应。酚醛塑料有一定的强硬度，电绝缘性能好，耐高温，耐蚀性好，成型工艺简单，价格低廉，被广泛用于制造开关、灯头、电话机等电气部件、耐高温产品以及耐磨、耐蚀材料。

7. 环氧塑料（EP）

环氧塑料是环氧树脂加入固化剂后形成的热固性塑料。环氧塑料具有较高的强度,韧性好，耐热、耐寒，电绝缘性好，易于成型，可用于制造电绝缘件、复合材料等。

环氧树脂是很好的胶黏剂，对金属、陶瓷、玻璃、木材、塑料均有较好的粘接能力，可用于汽车部件、运动器材、电子元件、胶合板的粘接。

环氧塑料也可用于配制涂料，涂装汽车、家用电器、钢制家具等。

环氧树脂泡沫塑料可用于减震包装材料、漂浮材料和吸音材料。

8. 聚甲基丙烯酸甲酯（PMMA）

聚甲基丙烯酸甲酯又称有机玻璃、亚克力，是无色透明固体，比重略大于1，透光，透光率达92%，是目前最好的有机透明材料。有机玻璃常用于制造灯罩、仪表玻璃、汽车和船舶的窗玻璃、标示牌、光学透镜、硬式隐形眼镜等。图4-9所示为有机玻璃手机展示架。

图 4-9　有机玻璃手机展示架

4.3.2 工程塑料

1. 聚酰胺（PA）

聚酰胺是热塑性工程塑料，商业名称为尼龙或锦纶。

聚酰胺强度和韧性高，综合力学性能良好，还具有突出的耐磨性和自润滑性，耐蚀，易成型，缺点是耐热性不高、导热性较差。聚酰胺被广泛用于制造需要耐磨、耐蚀并承受一定载荷的零件，如轴承、齿轮、螺钉、螺母，以及汽车上的油箱盖、进气隔栅、水箱护盖等。

2. 聚碳酸酯（PC）

聚碳酸酯是热塑性塑料，其分子链中既有刚性的苯环，又有柔性的醚键，因此具有优良的综合力学性能。聚碳酸酯的冲击韧性是热塑性塑料中最高的，而且透光率高，被称为"透明金属"。聚碳酸酯还具有耐蚀、耐热、耐寒、电绝缘性能优良、尺寸稳定性好等优点，缺点是自润滑性较差，耐磨性低于聚酰胺和聚甲醛。

聚碳酸酯在机械工业中应用广泛，用于制造开关、家电外壳、冰箱部件、计算机外壳、电话机、光盘、安全镜片，以及汽车保险杆、车灯玻璃等。图 4-10 所示为聚碳酸酯护目镜，质量轻、抗冲击、防刮擦，适用于医疗、运动等场合。图 4-11 所示为聚碳酸酯汽车大灯灯罩。

图 4-10　聚碳酸酯护目镜　　　　　　　　图 4-11　聚碳酸酯汽车大灯灯罩

3. 聚甲醛（POM）

聚甲醛具有优异的综合性能，其强度和硬度高，韧性好，有出色的抗疲劳性能，耐磨、耐化学腐蚀，电绝缘性好。

聚甲醛被广泛用于机械、化工、仪表等行业，可以代替有色金属制作齿轮、轴承、连杆、螺杆等结构件，以及洗衣机、果汁机等电器的部件。

4. 热塑性聚酯

热塑性聚酯主要包括以下两类。

（1）聚对苯二甲酸乙二醇酯（PET），具有较高的强度、优良的电绝缘性和耐候性。PET无毒无味，被广泛用于饮料包装，如图 4-12 所示。

（2）聚对苯二甲酸丁二醇酯（PBT），具有优良的电绝缘性。PBT常用于制造把手、保险杠、后视镜外壳等汽车零件，以及插座、插头、保险丝盒、电话机外壳、照明用具外壳等电气产品。

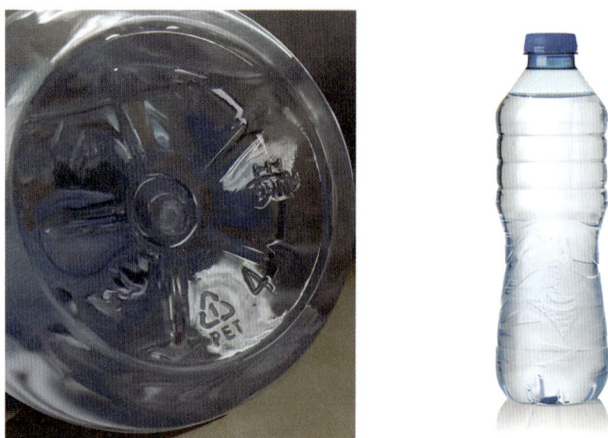

图 4-12　PET 材质矿泉水瓶

5. 聚四氟乙烯（PTFE）

聚四氟乙烯是氟塑料的一种，具有优良的耐高温和低温的性能，耐磨，电性能优良，并有极其优越的化学稳定性，耐任何化学药物的腐蚀，优于陶瓷、不锈钢，甚至金、铂等，因此有"塑料王"之称。

除此之外，聚四氟乙烯具有高润滑不粘性，可用于生产不粘涂层；具有良好的自润滑性，可用于生产耐磨材料；化学稳定性高，可用于生产耐蚀材料、密封材料等。

4.4 塑料生产工艺

4.4.1　塑料成型工艺

塑料成型一般是在低于 400 ℃的温度下，将粒状、粉状的聚合物原料转变为所需形状的制品。在生产中最常用的塑料成型方法有注塑成型、挤出成型、吹塑成型、压制成型、压延成型等。

1. 注塑成型

注塑成型又称注射成型。注塑成型是所有塑料成型方法中最普遍、最重要的成型方法。据统计，目前注塑成型制品约占所有塑料制品总产量的 30% 以上，几乎所有的热塑性塑料和部分热固性塑料都可以用注塑法成型。

注塑成型所用的设备是注射机，按照注射方式分为往复螺杆式和柱塞式两大类。

注塑成型的时候，将粒状或粉状的原料加入注射机的料斗里，原料被加热熔化后呈流动状态，在注射机的螺杆或活塞推动下，经喷嘴和模具的浇注系统进入模具型腔，在模具型腔内硬化定型。图 4-13 所示为柱塞式注塑成型示意图。

注塑成型的优点是能够一次成型外形复杂、尺寸精确及带有嵌件的制品，可以方便地利用一套模具批量生产产品，自动化生产，生产效率高，制品精度较高。在产品设计中，注塑成型被广泛应用，各类电器设备外壳及其零部件、厨房用品等均可以采用注塑成型法生产。

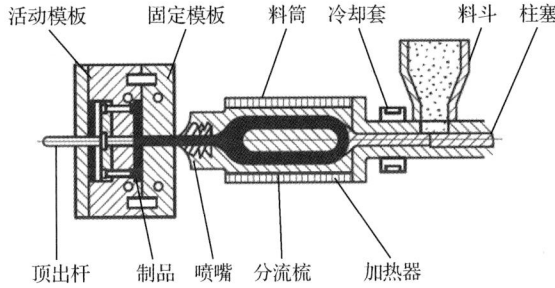

图 4-13　柱塞式注塑成型示意图

2. 挤出成型

挤出成型又称挤塑成型，主要适合热塑性塑料，也适合流动性好的热固性塑料和增强塑料。挤出成型的原理是借助螺杆或柱塞的运动，使熔融的塑料在压力作用下连续通过挤出模的口模，冷却后得到具有一定形状断面的制品，如图 4-14 所示。

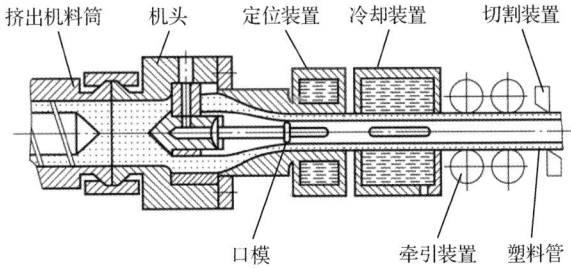

图 4-14　挤出成型示意图

挤出模口模的截面形状决定了挤出制品的形状，但由于冷却收缩、受力等原因，制品的截面形状和口模的截面形状并不完全一致，如图 4-15 所示。如果制品是正方形，则口模肯定不是正方形；如果口模是正方形，挤出的制品则是鼓形。

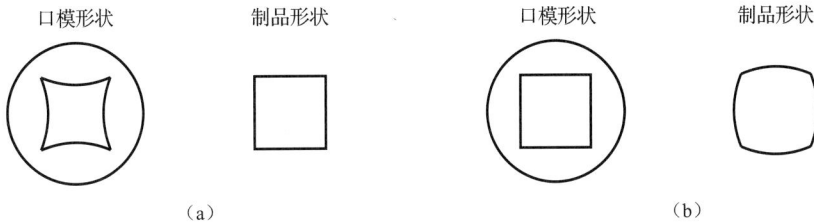

图 4-15　挤出模截面示意图

挤出成型主要用于制造管材、筒材、棒材、片材、线材等连续的型材，以及塑料与其他材料的复合制品，是热塑性塑料主要的成型方法之一。挤出成型生产过程连续，生产效率高，应用范围广。

3．压制成型

压制成型主要用于热固性塑料的成型，分为模压法和层压法两种。

（1）模压法。

模压法是将定量的塑料原料置于模具内，闭合模具加热、加压，使塑料流动并填满模腔。常见模压成型制品有插头、插座等电器设备，以及锅具把手等。

（2）层压法。

层压法是将浸渍过树脂的片状材料叠合至所需厚度后放入层压机中，在一定的温度和压力下使之黏合固化成制品。层压成型是各种增强塑料板、棒、管等产品的主要生产方法。

压制成型所用模具简单，生产的制品质地致密，尺寸较精确，外观平整光洁，但生产效率低，较难实现自动化生产。

4．吹塑成型

（1）中空吹塑成型。

中空吹塑成型过程包括塑料型坯的制造和型坯的吹塑。图 4-16 所示为中空吹塑成型示意图。用挤出或注射等方法制造管状型坯，然后将其放入模具。模腔的形状与制品的形状相同。模具闭合后，将压缩空气通入型坯的内腔，使其膨胀，成为所需的制品。

中空吹塑成型适用于热塑性塑料，主要用于制造塑料中空制品，如瓶、罐、壶、桶等。中空吹塑成型生产效率高，制品强度较高。

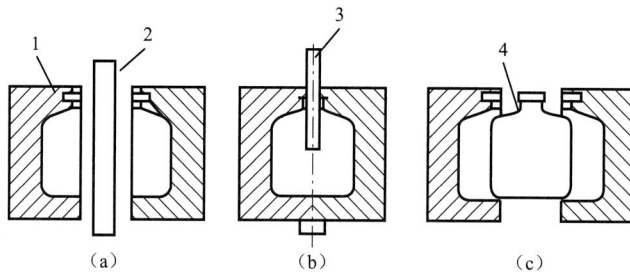

1—模具；2—型坯；3—压缩空气；4—制品

图 4-16　中空吹塑成型示意图

（2）薄膜吹塑成型。

薄膜吹塑成型是将熔融的塑料从挤出机的机头口模的环形间隙中呈圆筒形薄管状挤出，同时从机头中心孔向薄管内腔吹入压缩空气，将薄管吹胀成直径更大的管状薄膜（又称泡管），冷却后卷取。图 4-17 所示为薄膜吹塑生产示意图。薄膜吹塑成型主要用于制造塑料薄膜。

5．压延成型

压延成型是将热塑性塑料加热塑化，使之通过一系列相对旋转的辊筒间隙，在挤压和延展的作用下成型为规定尺寸的连续片状塑料制品的成型方法。图 4-18 所示为压延成型示意图。

压延成型的优点是产品质量好，生产能力大，可以实现自动化生产；缺点是成本较高，前期投入大，产品尺寸受辊筒尺寸的限制。压延成型多用于制造农用塑料薄膜、装修装饰薄板、片材，以及人造革、壁纸、地板革、录音唱片基材等。

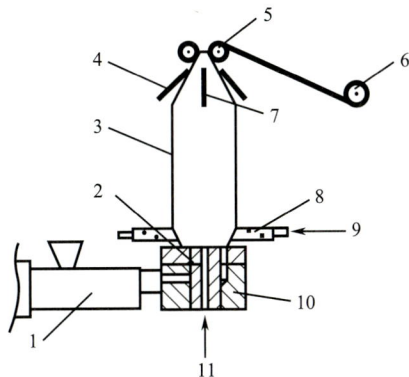

1—挤出机；2—芯棒；3—泡管；4—导向板；5—牵引辊；6—卷取辊；
7—折叠导棒；8—冷却环；9—空气入口；10—模头；11—空气入口

图 4-17　薄膜吹塑生产示意图

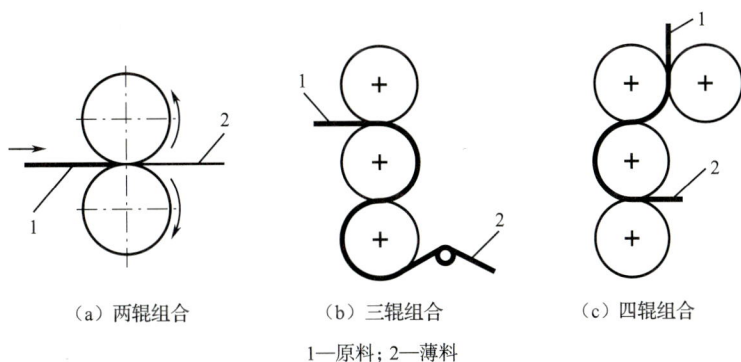

（a）两辊组合　　　　（b）三辊组合　　　　（c）四辊组合

1—原料；2—薄料

图 4-18　压延成型示意图

除了上述的成型方法，塑料还有很多其他成型方法，如蘸涂成型，可用于制造把手、手套等，还有发泡成型，可用于制造各类发泡塑料，用于隔音、缓冲、漂浮等场合。

4.4.2　塑料件结构设计

塑料件在满足使用性能的基础上，还应该具有良好的工艺性能，即适应成型工艺的要求，模具结构尽量简单。对于塑料件的结构设计来说，通常在减少缺陷、易于脱模、增加强度等方面着重考虑。

1. 减少缺陷

为减少缺陷，塑料件的壁厚应该均匀。壁厚过薄，塑料熔体流动时阻力较大，难以充型；壁厚过厚，则浪费材料，容易产生气泡、凹陷等缺陷。为保证塑料的流动性，塑料件的壁厚应该不小于 1 mm，通常为 1 ～ 4 mm，大型塑料件的壁厚可达 6 mm 或更厚。两壁相接处应该有过渡的圆角，避免应力集中。

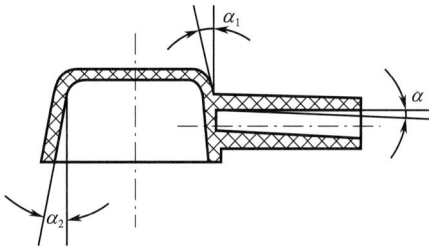
图 4-19　塑料件的脱模斜度

2. 易于脱模

为了顺利从模具中顶出塑料件，应该在塑料件的内外表面沿脱模方向设置足够的脱模斜度，如图 4-19 所示。为便于脱模，塑料件应该避免有侧凹的结构或使侧凹结构与脱模方向一致。

3. 增加强度

塑料件的开口部分应该设计出翻边凸缘，以增加该处的强度。

要避免以整个平面作为支撑面，在高壁或面积较大的平底部分设计加强筋，以增加刚度和强度。

为保证塑料件的强度，塑料件中的孔与壁边的距离应该不小于孔径。一些受力的塑料件，可以在中心嵌金属芯，以增加强度和刚度。

4.4.3　塑料加工工艺

1. 塑料的机械加工

在大多数情况下，可以采用金属加工设备和工具对处于玻璃态下的塑料进行车削、铣削、钻削等机械加工，也可以采用手工工具，进行手工加工。

2. 塑料的连接工艺

（1）塑料的焊接。

塑料的焊接又称热熔黏结，是热塑性塑料连接的基本方法。这种方法是利用热作用，使塑料连接处发生熔融，并施加一定的压力，使其连接在一起。

（2）塑料的机械连接。

塑料可以采用塑料螺纹、铆钉、卡扣等多种形式实现机械连接，如图 4-20 所示。

（3）塑料的溶剂粘接。

塑料的溶剂粘接是利用有机溶剂（如丙酮、三氯甲烷），将需要粘接的塑料表面溶解或溶胀，并施加一定的压力，使其连接在一起，形成牢固的接头。热固性塑料由于不溶解，难以用这种方法粘接。

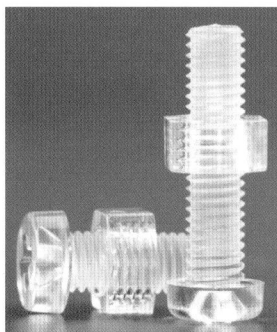
（a）塑料螺钉

（b）塑料接头

图 4-20　常见塑料机械连接形式

（c）塑料铆钉　　　　　　　　　　　　　（d）塑料卡扣

图 4-20　常见塑料机械连接形式（续）

（4）塑料的胶接。

塑料的胶接是利用黏结剂，将需要黏结的塑料连接在一起的方法。这种方法也能实现塑料与其他材料的连接。

4.4.4　塑料表面处理工艺

塑料表面处理工艺常见的有涂饰、镀饰和烫印。涂饰主要是防止塑料老化，以及装饰着色；镀饰，即在塑料表面镀覆金属，改善塑料的表面性能，达到防护、装饰的目的；烫印是利用刻有图案或文字的热模，在一定的压力下，将烫印材料的彩色锡箔转移到塑料表面上，从而得到精美的图案和文字。

塑料电镀、喷涂等表面处理方法能够使塑料件外观色彩呈现高贵、时尚和科技感，但这些工艺加工时间长、成本高，产生的废水对环境有污染。基于这种情况，人们开发了免喷涂塑料，并已经将其应用在汽车和家电等领域。

在汽车领域，免喷涂塑料主要以高光和金属光泽为主。高光免喷涂塑料主要有聚甲基丙烯酸甲酯和聚碳酸酯，主要应用在汽车控制面板、格栅、后视镜外壳、挡泥板等部件。金属光泽效果的免喷涂塑料主要以聚丙烯、ABS、PC/ABS 合金、聚甲基丙烯酸甲酯、聚酰胺为主，可以替代电镀塑料，用于生产汽车保险杠、踏板、行李支架等。

家电领域常用的免喷涂塑料有 ABS、聚丙烯和 PC/ABS 合金，主要用于生产液晶电视面框、空调和洗衣机面板、吸尘器外壳和饮水器等。图 4-21 ～图 4-23 所示为免喷涂塑料产品。

图 4-21　免喷涂汽车内门拉手　　　　　　图 4-22　免喷涂电饭煲外壳

图 4-23　免喷涂汽车仪表板

4.5　塑料在产品设计中的应用

塑料作为一种人工合成高分子材料，在现代工业设计中占据不可或缺的地位。

4.5.1　塑料在产品设计中的特点

塑料在产品设计中具有以下优点。

（1）塑料质硬，又有适当的弹性和柔度，给人柔和、亲切、安全的触觉质感。塑料具有人造、轻巧、细腻、艳丽、优雅、理性等感觉特性。

（2）塑料具有多样性、丰富性，无论从质地、色彩还是肌理来看，都是如此。塑料易着色，通过镀饰、涂饰、印刷等方式，可以加工出近似金属、木材、皮革、陶瓷等材料具有的质感。

（3）塑料易成型，几乎通过一道工序就可以最终成型，使产品造型设计不受或少受造型形式和加工技术的限制，能够充分实现设计师对产品内外结构和造型的巧妙构思。

除此之外，塑料还有价廉、性能多样等优点，使其在很多方面上能够取代金属、陶瓷、木材等材料，在产品设计中的应用越来越多。塑料已经渗透到人类生活的每个角落，与金属、石头、木材等不相上下。尽管如此，人们对塑料缺乏类似对金属、石头、木材的那种情感联系。在产品设计中，用塑料仿制传统材料，可以满足消费者的心理需求。

4.5.2　塑料应用实例

1. 塑料在日用品中的应用实例

图 4-24 所示的儿童手推车的多个部位用塑料制造，展示了不同塑料在户外的恰当应用。例如，其底部为高密度聚乙烯（HDPE）。高密度聚乙烯密度大，坚硬、耐磨，用于手推车底部的部件十分合适。顶部遮阳篷采用聚酰胺，其耐磨、高韧性的特性可以满足在使用过程中频繁推拉的要求。透明窗户采用的是聚氯乙烯，聚氯乙烯具有耐磨、塑性好等优点。

图 4-25 所示为用聚甲醛制作的齿轮。聚甲醛作为工程塑料，各项力学性能指标不亚于金属，

同时耐磨，具有良好的自润滑性，耐蚀性和电绝缘性也很好。因此，聚甲醛常用于代替有色金属制造一般结构件、耐磨件，如齿轮、轴承、连杆等。

图 4-24　儿童手推车

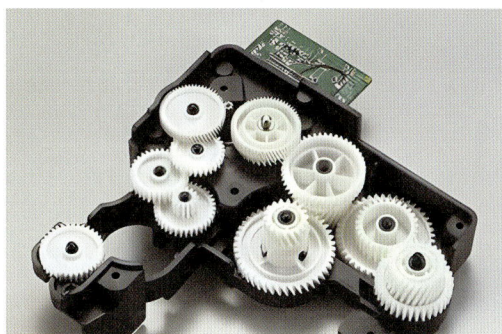

图 4-25　用聚甲醛制作的齿轮

图 4-26 所示的录音笔和厨房案板均选用 ABS 塑料。ABS 塑料具有非常广泛的性能特点，强度和硬度高，耐磨，冲击韧性好，同时具有电绝缘性好、易成型、难以燃烧等优点，因此非常适合生产计算机外壳、录音笔、厨房案板、汽车内饰中需要具有一定强度，能够承受反复按压冲击的部件。

图 4-26　ABS 塑料用于制造录音笔和厨房案板

图 4-27 所示的插座、水壶、电饼铛均选用酚醛塑料。酚醛塑料电绝缘性好、耐热性好、耐磨损、耐腐蚀，可用于制造插座、灯头、电话机等电器部件。酚醛塑料还具有较好的韧性，耐高温，隔热、耐热性能优良，特别适合锅具把手、厨具外壳等厨房内经常小磕小碰，以及在高温下工作的产品。

图 4-27　酚醛塑料用于制造插座、电热水壶把、电饼铛外壳

图 4-28 用聚丙烯生产的咖啡机

聚丙烯具有较高的强度和硬度、良好的耐蚀性，电绝缘性好，无毒无味，并有良好的耐热性和隔热性，而且密度小，非常适合生产厨房小家电，如果汁机、咖啡机等，也可用于制造餐盒等食物容器。图 4-28 所示为用聚丙烯生产的咖啡机。

聚碳酸酯透光率高，无毒无味，电绝缘性好，强度高，冲击韧性好，易成型，又称为"透明金属"。聚碳酸酯在产品设计中相当受欢迎，是家用电器、照相机、计算机、唱片、开关、插座、汽车内饰及按钮等产品的常用材料。图 4-29 所示为聚碳酸酯椅子。聚碳酸酯材质透明，再加上优良的力学性能，以及耐热、耐寒、耐蚀的特性，使其成为薄片塑料椅用材的最好选择。

图 4-29 聚碳酸酯椅子

2．塑料在冰箱、洗衣机等家电产品中的应用

冰箱是现代厨房必备电器，冰箱里的很多部件用塑料生产，比较常用的塑料是聚丙烯、聚氯乙烯、聚苯乙烯、ABS 等。冰箱各部件名称，如图 4-30 所示。

聚丙烯无毒无味，耐蚀性好，可以与食品直接接触。因此，冷冻抽屉和冷藏抽屉往往用聚丙烯制造。

冷冻门和冷藏门的门封用聚氯乙烯，聚氯乙烯环保耐用，柔韧性好，可以有效密封冷气，具有良好的保温效果。

聚苯乙烯耐蚀性好，电绝缘性好，无色透明。因此，冷冻室和冷藏室的搁架可用聚苯乙烯制造。聚苯乙烯搁架透明清爽，食物可以分类摆放，方便人们存取食品。同时，这种透明感带给人整洁、精致的感觉。冰箱冷藏室的照明灯罩一般也采用聚苯乙烯。改性聚苯乙烯（HIPS）可用于制造冰箱内胆，抑菌环保，不变色，无异味，给人带来良好的使用体验。

ABS 塑料是丙烯腈、丁二烯、苯乙烯三种单体的共聚物，三种单体的配比不同，其性能也不同。ABS 塑料具有良好的综合性能，表面硬度高，耐磨损，抗冲击强度高，电绝缘性好，耐低温，加工性能也很好。因此，ABS 塑料可用于制造冰箱内胆、门把手等部件。

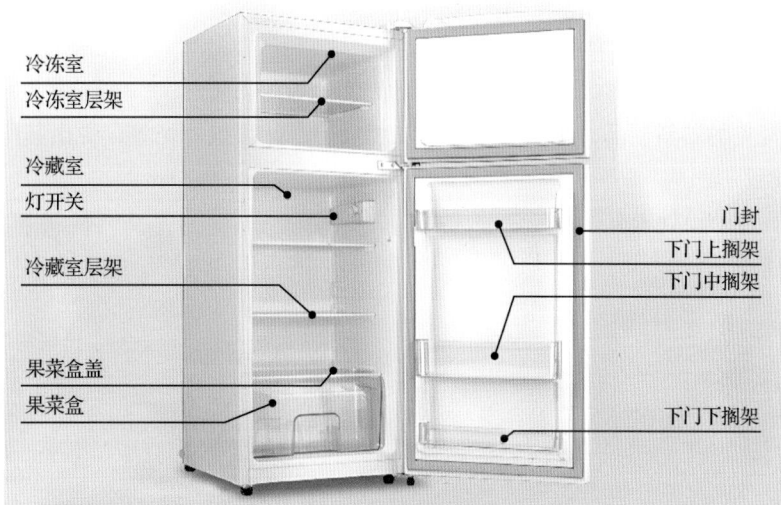

图 4-30　冰箱各部件名称

现代家庭必备的另一件电器是洗衣机。洗衣机的很多部件用塑料生产。图 4-31 所示为波轮洗衣机。

洗衣机门盖、围框、波盘、内桶底座等部件均用聚丙烯制造。聚丙烯具有优良的电绝缘性和耐蚀性，而且强度、刚性、硬度都较高，密度小、耐热，再加上价格低廉，在性能和成本方面均能满足家用电器部件的批量生产要求。

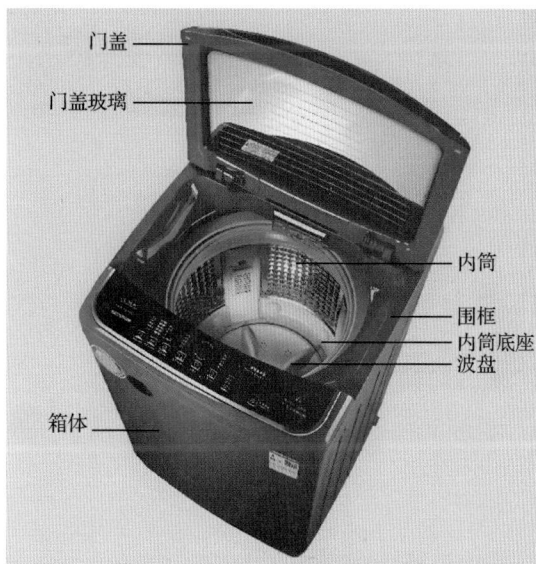

图 4-31　波轮洗衣机

思考题

1. 什么是塑料？塑料有哪些种类？

2. 常用的通用塑料有哪些？

3. 常用的工程塑料有哪些？

4. 塑料的成型方法有哪些？简述其中一种成型方法的原理。

5. 观察常见的塑料制品，如塑料水盆、三相插头、计算机外壳等，说出其所用塑料的种类和采用的成型方法。

6. 塑料在产品设计中有哪些显著的优点？

第5章

陶瓷与工艺

陶瓷是用天然或人工合成的粉状化合物，经过成型和高温烧结制成的无机多相固体材料，陶瓷制品主要包括陶器和瓷器。从广义上来说，陶瓷也包括玻璃、搪瓷、水泥、砖瓦、耐火材料等人造无机非金属材料。

传统陶瓷是用天然的硅酸盐矿物（含二氧化硅的化合物），如黏土、长石、石英等原料生产出来的，所以传统陶瓷材料也常称为硅酸盐材料。如今，陶瓷材料已经不限于传统的硅酸盐材料，在化学成分和工艺上都有很大变化，陶瓷的概念被大大扩展，在广义上成为无机非金属材料的统称。

据史料记载，陶器出现于距今6000多年前的新石器时代。商周时期出现釉陶，人们在陶器表面彩绘条带纹、波纹和舞蹈纹等作为装饰。东汉时期出现瓷器，我国是最早生产瓷器的国家。

三国至南北朝时期，瓷器发展迅猛，瓷器种类不断增加，在形态上有罐、尊、壶、碗、盘、杯等；装饰方法更为多样，有浮雕、堆塑、贴花、模印、刻画、镂孔、施彩等。瓷器造型生动，样式繁多。例如，有的瓷器将整个器形做成动物形状，如卧羊形、蛙形等，有的则捏塑动物头部，如鸡头、羊头、虎头等作为装饰，以祈求吉祥和辟邪。

陶瓷制品的种类和造型在唐宋时期进一步发展，汝、官、哥、钧、定"五大名窑"出产众多精美陶瓷制品。宋元之后，景德镇的工匠烧制出青花瓷和釉里红。清朝时期，随着与国外文化交流的发展，出现了珐琅彩，陶瓷制品的色彩愈加丰富。图5-1所示为古代陶瓷制品。

发展到现代，陶瓷造型更为多样，生产工艺越来越成熟，再加上陶瓷性能稳定、集实用性和艺术性于一体，不仅在日常生活和建筑领域有重要地位，在高新技术领域也有重要应用，充分确立了其既传统又现代的地位。

| （a）南北朝青瓷莲花尊 | （b）三国时期陶瓷卧羊 | （c）隋朝鸡首壶 |

图 5-1　古代陶瓷制品

5.1　陶瓷的成分和结构

普通陶瓷原料主要由黏土（$Al_2O_3 \cdot 2SiO_2 \cdot 2H_2O$）、石英（$SiO_2$）、长石（$K_2O \cdot Al_2O_3 \cdot 6SiO_2$）三部分组成。在加热烧结与冷却过程中，这些原料相继发生一系列变化，最终形成的室温组织通常由晶体相、玻璃相和气相组成，如图 5-2 所示。在陶瓷原料中，黏土提供可塑性，以保证成型的工艺要求；石英是耐熔的骨架成分；长石是助熔剂，促使烧结时玻璃相的形成。

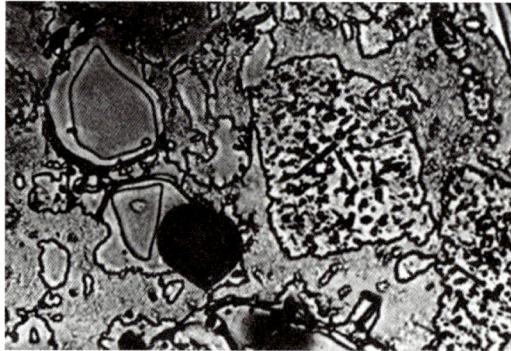

图 5-2　陶瓷的典型组织

5.1.1　晶体相

晶体相是陶瓷中主要的组成相，决定了陶瓷的物理化学性质。普通陶瓷的晶体相主要是硅酸盐，其结合键为离子键和共价键，构成硅酸盐的基本单元是硅氧四面体；特种陶瓷的晶体相主要是氧化物，如氧化铝、氧化镁等，结合键主要是离子键，有时也有共价键。

5.1.2 玻璃相

玻璃相的作用是充填晶粒间隙，黏结晶体相，提高材料致密度，降低烧结温度和抑制晶粒长大。玻璃相对陶瓷的强度等性能是不利的，所以不能成为陶瓷的主导相，其一般质量分数为20%～40%。玻璃相可以使陶瓷具有一定程度的玻璃特性，如透光性。

5.1.3 气相

气相是在工艺过程中形成并保留下来的。除多孔陶瓷以外，气孔的存在对陶瓷的性能是不利的，会削弱陶瓷的强度，导致裂纹出现，因此应该尽量降低气孔率。普通陶瓷的气孔率为5%～10%，特种陶瓷的气孔率更低。

5.2 陶瓷的性能

5.2.1 陶瓷的物理和化学性能

1．热学性能

耐高温是陶瓷优异的特性之一。大多数陶瓷的熔点在2000 ℃以上。在高温下，陶瓷不仅具有高硬度，而且基本保持在室温下的强度。另外，陶瓷抗氧化性能好，热膨胀系数低，抗蠕变性能强，因此被广泛用作高温材料，如冶金坩埚、火箭和导弹的雷达防护罩、发动机燃烧喷嘴等。

但是,陶瓷的抗热震性能比较差。当温度发生急剧变化,温差又比较大时,陶瓷容易被破坏。

2．导热性

陶瓷的热传导主要依靠原子的热振动来完成。因为没有自由电子的导热作用，气孔的存在也不利于导热，所以陶瓷的导热性较差，常用来做绝热材料。

3．导电性

陶瓷的导电性变化范围很广。由于缺乏电子导电机制，大多数陶瓷是电的绝缘体。某些陶瓷在掺杂之后会有导电能力，称为半导体。现在，随着科技的发展，已经出现了具有各种电性能的陶瓷，如压电陶瓷、导电陶瓷。

4．化学稳定性

陶瓷的结合键主要是离子键或共价键，结构稳定，对酸、碱和盐的抗腐蚀能力强，可以广泛用于石油、化工、冶炼等领域。

5.2.2　陶瓷的力学性能

1．刚度

刚度由弹性模量衡量，弹性模量反映结合键的强度。因此，具有强大化学键的陶瓷都有很高的弹性模量。陶瓷的弹性模量比金属、塑料等大得多，但随着气孔率和温度的增高会降低。

2．强度

陶瓷内部存在大量气孔，其作用相当于裂纹源，在拉应力作用下会迅速扩展而导致脆断，所以陶瓷的实际抗拉强度比金属低得多。减少陶瓷中的气孔，细化晶粒，提高致密度和均匀度，可以提高陶瓷的强度。

陶瓷受压时，气孔等缺陷不易扩展为宏观裂纹，所以抗压强度较高，约为抗拉强度的10 ~ 40倍。

3．硬度和耐磨性

硬度的大小取决于键的强度，因此陶瓷硬度高、耐磨性好，这是陶瓷最大的特点。陶瓷的硬度通常采用莫氏硬度法测试。

4．塑性和韧性

在室温静拉伸载荷作用下，陶瓷一般不出现塑性变形阶段，在微小应变的弹性变形后立即出现脆性断裂，塑性几乎为零。

陶瓷制品难以发生塑性变形，加之气孔缺陷的交互作用，其内部很容易造成应力集中。因此，陶瓷的冲击韧性很低，脆性很大，对裂纹、冲击、表面损伤特别敏感，容易发生脆性断裂，这成为陶瓷用于受力较复杂构件的主要障碍。

5.3　产品设计中常用的陶瓷

传统意义上的陶瓷是陶器和瓷器的总称，主要是由地壳中的硅、铝、氧三种元素组成的硅酸盐材料作为原料，经过高温烧结制成的。

现代陶瓷已经远远超出了传统硅酸盐的范畴，无论在原料、组分、制备工艺、性能和用途上均与传统陶瓷有很大的差别。

按照性能特点，陶瓷可以分为普通陶瓷和特种陶瓷。

5.3.1 普通陶瓷

普通陶瓷又称为传统陶瓷，是用天然硅酸盐原料，如黏土、长石、石英等制成的陶瓷，制造工艺简单，成本低廉，产量很大。按照所用原料、烧成温度与制品性质的不同，普通陶瓷可以分为陶器和瓷器。按照用途，普通陶瓷可以分为日用陶瓷和工业用瓷。

1. 陶器和瓷器

普通陶瓷的主要原料都是黏土、石英、长石，但坯料的配比不一样，产品的性能也就不一样。

陶器的原料一般来说主要是黏土，次之为石英，再次是长石。而瓷器的原料成分广泛，用高岭土取代黏土，石英和长石均以不同的比例存在。除此之外，瓷器中还有绢云母、骨灰、滑石等成分。长石、骨灰、滑石等助熔剂的增多，可以增加玻璃相，使瓷器的透光度增加。因此，瓷器的胎体无论薄厚，都具有半透明的特点，而陶器往往不透明。某些陶器即使比较薄，也不具备半透明的特点。

陶器一般不施釉或施低温釉，烧成温度一般低于 1200 ℃；瓷器表面施高温釉，烧成温度一般在 1200 ℃以上。陶瓷的烧成温度越高，出现的玻璃相越多，烧结体就越致密，吸水率就越低。吸水率指陶瓷器体浸入水中充分吸水后，所吸收的水分质量与器体本身质量的比例，是陶瓷烧结程度和瓷化程度的重要标志。陶器是多孔性坯体结构，致密度较小，吸水率较高，可以达 10% ~ 20%，而瓷器一般低于 10%。

2. 日用陶瓷和工业用瓷

日用陶瓷主要用作日用器皿，如餐具、茶具等，一般要求有良好的白度、光泽度和透明度，铅溶出量不能超标，热稳定性和强度较高。

工业用瓷主要包括以下三种类型。

（1）建筑卫生用瓷，如瓷砖、釉面砖、水槽等，要求具有一定的吸水性。

（2）电工瓷，一般要求电绝缘、力学性能高，以及热稳定性好。

（3）化学用瓷，用于化工、制药、食品等工业中的管道设备、耐蚀容器等。

5.3.2 特种陶瓷

特种陶瓷也可以称为精细陶瓷、现代陶瓷、先进陶瓷等，它是采用氧化物、碳化物、氮化物、硅化物、硼化物等组成的固体材料，用特殊工艺制成的具有良好性能或具有某种特殊功能的陶瓷，其性能和应用范围远远超过传统陶瓷。在制备设备上，传统陶瓷采用炉窑，特种陶瓷广泛采用真空烧结、保护气氛烧结等工艺。在性能上，特种陶瓷具有许多传统陶瓷不具备的优异性能，如高强度、高硬度、耐腐蚀，以及在声、光、电、热、磁、生物工程等方面具有特殊的性能。

特种陶瓷广泛应用于国防、化工、冶金、电子、机械、航空、航天、生物医学等国民经济领域。特种陶瓷的发展是国民经济新的增长点，特种陶瓷的研究、应用、开发状况是体现国民经济综合实力的重要标志之一。

特种陶瓷采用的原料成分多样，性能和用途也不一样，因此有多种分类方法。特种陶瓷按照化学成分可以分为氧化物陶瓷和非氧化物陶瓷，按照功能和用途可以分为结构陶瓷和功能陶瓷。

1. 按照化学成分分类

（1）氧化物陶瓷。

氧化铝陶瓷，尤其是刚玉瓷（氧化铝含量超过 95%），强度和硬度高，其硬度仅次于金刚石、碳化硼、立方氮化硼和碳化硅，居第五位。自然界中存在含少量铬、铁、钛的氧化铝。含铬的氧化铝呈红色（红宝石），含铁、钛的氧化铝呈蓝色（蓝宝石）。氧化铝陶瓷具有很高的耐热性，能够在 1600 ℃以下长期使用，短时使用温度为 1980 ℃。氧化铝陶瓷有优良的电绝缘性和耐蚀性。氧化铝陶瓷的缺点是脆性大，抗热震性能差。氧化铝陶瓷被广泛用于各类高温、耐磨、耐蚀和电气绝缘工程中，如盛装高温熔体的容器、热电偶的保护套管、化工反应炉管、高速切削刀具、磨料、高压电气元件等。

氧化锆陶瓷也具有高强度和高硬度，耐热性强，可以在空气中 2000 ~ 2200 ℃温度范围内使用。氧化锆陶瓷韧性好，常温抗弯强度可以达 2000 MPa，断裂韧性可以达 15.6 MPa·m$^{1/2}$，常用于制造高温耐火坩埚、发热元件、炉衬、气缸套、气缸盖、反应堆材料和防护涂层，以及冷成型模具、切削刀具、轴承等。

（2）非氧化物陶瓷。

碳化硅具有极佳的高温耐蚀性和抗氧化性，被广泛用于制造耐高温材料，如炉衬、过滤器、坩埚、火箭发动机喷嘴，以及热电偶保护套、烧结匣钵等。

碳化硼最大的用途是做磨料和制造磨具，有时用于制造超硬工具材料。

碳化钛是制造硬质合金的主要原料，加入碳化钛后，硬质合金的红硬性、耐磨性、抗氧化性和耐蚀性等性能都会得到提高。

氮化硅化学稳定性高，可以耐多种无机酸和碱溶液的腐蚀，是优良的耐蚀材料；硬度高，耐磨性好，还有自润滑性，可用作耐磨减摩材料；还是优良的高温结构材料。氮化硅常见用途有高温轴承、燃气轮机叶片、腐蚀介质下的机械零件，以及耐磨刀具等。

六方氮化硼又称白石墨，具有较好的耐热性、热稳定性、导热性、化学稳定性，是优良的散热材料和高温绝缘材料，常用于制造高温冶炼坩埚、高温轴承、热电偶套管、玻璃成型模具等。立方氮化硼的硬度与金刚石接近，是优良的耐磨材料，可用于制造刀具。

2. 按照功能和用途分类

（1）结构陶瓷。

结构陶瓷是用来制作各种结构部件的陶瓷，主要用于制造轴承、球阀、刀具、模具等要求耐高温、耐腐蚀、耐磨损的部件。在设计中常用的结构陶瓷有氧化铝陶瓷、氧化锆陶瓷、氮化硅陶瓷、氮化硼陶瓷、碳化硅陶瓷。图 5-3 所示为氮化硅陶瓷轴承。

图 5-3　氮化硅陶瓷轴承

（2）功能陶瓷。

功能陶瓷是利用电、磁、声、光、热等直接效应或耦合效应，以实现某种特殊使用功能的特种陶瓷。在设计中常用的功能陶瓷有电光陶瓷、生物陶瓷、磁性陶瓷、压电陶瓷、半导体陶瓷等。

5.3.3　特别的陶瓷

1. 透明陶瓷

透明陶瓷是能够透过光线的陶瓷。玻璃是广泛使用的透明材料，但其强度和耐高温性能都不高。透明陶瓷的出现正好弥补了玻璃的这一不足。

气相的存在使普通陶瓷不透明，而透明陶瓷没有气相，机械强度等性能也因此提高。透明陶瓷是超音速飞机风挡的理想材料，也用于制造高级轿车的防弹窗、雷达天线罩，以及高压钠灯的放电管等。图 5-4 所示为透明陶瓷高压钠灯。

图 5-4　用透明陶瓷做放电管的高压钠灯

2. 金属陶瓷

金属陶瓷是金属与陶瓷组成的非均质材料，实质是颗粒增强型的复合材料。

金属具有良好的延展性，但高温强度不足，在高温下易氧化；陶瓷脆性大，但高温性能好，耐蚀性强。两者的复合材料称为金属陶瓷。金属和陶瓷可按不同配比组成工具材料、高温结构材料。以陶瓷为主的金属陶瓷常用于工具材料，以金属为主的金属陶瓷一般用于结构材料。

3. 玻璃陶瓷

玻璃陶瓷又称微晶玻璃。将含有晶核生成剂的玻璃在一定条件下进行热处理，玻璃相中析出大量微晶体相，形成由晶体相和玻璃相构成的复合体。

微晶玻璃的结构、性能及生产方式与玻璃、陶瓷有所不同，具有优良的机械强度、化学稳定性、热稳定性与机械加工性能。

5.4　陶瓷生产工艺

陶瓷制品的生产过程主要包括原料配制、坯料成型、坯体干燥、坯体装饰、上釉、烧成六个阶段。陶瓷制品硬度高，可以用碳化硅或金刚石砂轮磨削加工，难以用其他方式加工。

5.4.1 陶瓷生产过程

1. 原料配制

陶瓷的基本原料是黏土、石英、长石，以及其他辅助原料。这些原料只有经过拣选、淘洗、破碎、细磨、混合等制备工序后才能成为符合成型操作和制品质量要求的坯料。坯料中各组成成分与水分通常应该混合均匀，颗粒细度达到规定的技术要求，空气含量低，以免影响坯料的成型和制品的强度。

调配好的原料按照不同的成型方法要求配制成供成型的坯料，如浆料、可塑泥团、压制粉料等。

2. 坯料成型

成型是将坯料制成具有一定形状和强度的坯体，是陶瓷生产过程中最主要的工序。陶瓷的成型方法主要有三类，即可塑成型、注浆成型、压制成型。在生产中，根据产品形状、壁厚、产量等情况的不同选择相应的成型方法。

形状复杂或大型的薄壁产品，多数采用注浆成型法。具有简单回转体形状的器皿，可以采用旋压、滚压等可塑成型法。产量大的用可塑法或压制法成型，产量小的用注浆法成型。塑性好的坯料用可塑法成型，塑性差的用注浆法或压制法成型。

（1）可塑成型。

可塑成型是利用泥料具有可塑性的特点，用一定工艺制成一定形状制品的工艺过程。按照操作方法的不同，可塑成型又可以分为拉坯成型、车坯成型、旋坯成型等。

① 拉坯成型。

拉坯成型是一种古老的手工成型方法，可以追溯到新石器时代的慢轮修整成型技术。拉坯成型不需要模具，在快速转动的轮子上，操作者将手伸进坯料里，借助旋转的力量，使坯料向外扩展，向上推升，形成环形的腔体。拉坯成型的特点是设备简单，劳动强度大，需要有熟练的操作技术，制品的尺寸精度较低。用拉坯的方法可以成型圆形、弧形产品，如盘子、碗、罐等，器物形态挺拔、规整，表面有旋转纹路。图5-5和图5-6所示为拉坯成型及制品。

② 挤压与车坯成型。

挤压成型是将泥料放入挤压机的料筒内，在挤压机的一端对泥料施加压力，在另一端安装成型模具，通过更换模孔可以挤出各种形状的坯体。该法可以生产各种断面形状的瓷棒，以及瓷管类产品的坯体，如高温炉管、热电偶套管等，操作简单，产量大，可以连续生产。车坯成型是用挤压出的泥段作为坯料，在车床上加工出外形复杂的制件。

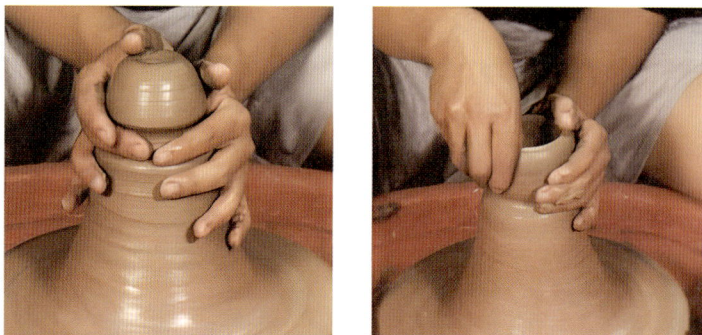

图 5-5 拉坯成型

图 5-6　拉坯成型制品

③ 旋坯成型。

将泥料灌入旋坯机旋转的石膏模中,再利用样板刀的挤压力和刮削作用使坯泥在模具的工作面上成型。在石膏模旋转和样板刀压力的共同作用下,泥料均匀地分布在模型内表面。样板刀口的工作弧线形状与模具工作面的形状构成坯体的内外表面,两者之间的距离即坯体的厚度。

④ 滚压成型。

滚压成型是在旋坯成型的基础上发展起来的一种可塑成型方法,是把扁平的样板刀改为回转型的滚压头。滚压成型有两种成型方式,一种是由压头决定坯体外形,称为外滚压,也称阳模滚压,适合成型盘、碟类扁平器皿;另一种是由压头形成坯体内表面,称为内滚压,也称阴模滚压,适合成型碗、杯等口小而深的制品,如图 5-7 所示。

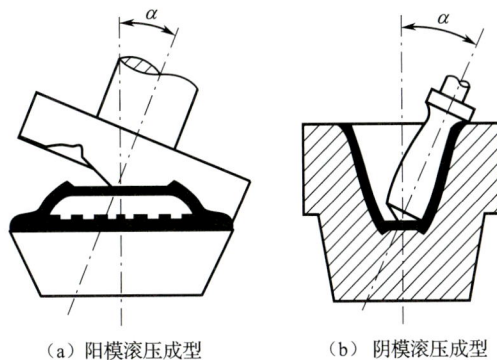

（a）阳模滚压成型　　　　（b）阴模滚压成型

图 5-7　滚压成型示意图

（2）注浆成型。

注浆成型是将泥浆注入具有吸水性能的模具中得到坯体的成型方法,又叫浆料成型。

图 5-8 所示为注浆成型示意图。将制备好的坯料泥浆注入多孔性型中,由于型具有吸水性,泥浆在贴近模壁的一层被模型吸水而形成一层均匀的泥层。随着时间的延长,泥层厚度达到所需尺寸时,就可以将多余的泥浆倒出。留在模型内的泥层继续脱水、收缩并与模型脱离,出模后即得到生坯。注浆成型适合制作形状复杂件、薄壁件、大尺寸件,不需要专用设备,易投产,但制品尺寸精度较低。

（3）压制成型。

压制成型又叫粉料成型,是将含有少量水分和添加剂的坯料在金属模具中用较高的压力来压制成坯体的成型方法。

气口　注口　　拼模　　　注浆　　　吸水　　　注件

图 5-8　注浆成型示意图

与注浆成型、可塑成型相比，压制成型的坯料采用粉料，水分和添加剂较少，压成后坯体变形小，强度较大，烧结后收缩小，产品尺寸精度高。而且，压制成型易于实现机械化和自动化，生产率高，是一种低成本、高产量的成型方法，是大规模生产陶瓷最经济的方式。压制成型又包括塑压成型、模压成型、等静压成型等类型。

等静压成型是近几十年发展起来的新型压制成型方法，如图 5-9 所示。等静压成型时，将坯料装入弹性橡胶模具中，密封后放在高压容器中，用高压泵将液体（油、水等）传压介质压入容器，利用液体介质不可压缩和均匀传递压力的特点，从各个方向对坯料施加均匀的压力，最后放出液体减压，取出坯模。等静压成型可用于成型形状复杂件，生产的制品结构均匀致密、尺寸精确，模具制作也方便，缺点是设备投资大。

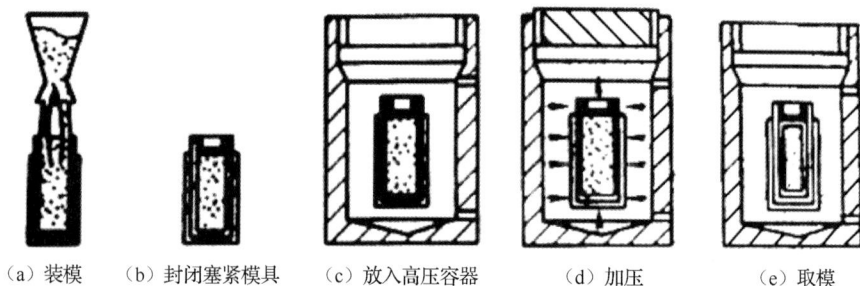

（a）装模　　（b）封闭塞紧模具　　（c）放入高压容器　　（d）加压　　（e）取模

图 5-9　等静压成型过程示意图

3．坯体干燥

成型后的各种坯体一般都有水分，没有足够的强度来承受搬运或再加工过程中的压力与振动，容易变形和损坏。因此，成型后的生坯必须进行干燥处理。同时，干燥处理也能提高坯体吸附釉层的能力，提高烧成的效率，缩短烧结周期。坯体干燥的方法有对流干燥、远红外干燥、电干燥，以及微波干燥等。

4．坯体装饰

坯体成型后，根据一定的需要进行装饰绘纹。坯体装饰常见的技法有以下六种。

（1）化妆土装饰。

化妆土装饰是用上好的瓷土加工调和成泥浆，将其施于质地较粗糙或颜色较深的坯体表面，从而美化瓷器的装饰方法。施加化妆土可以使粗糙的坯体表面变得光滑平整，坯体较深的颜色会被覆盖，釉层外观显得美观、光亮、滋润。

（2）划花。

划花是在半干的坯体表面用竹、木、铁杆等工具浅划出线状花纹，然后施釉或直接入窑焙烧。其优点是线条自然、整体感强。

（3）贴花。

贴花又叫"模印贴花""塑贴花"，是将模印或捏塑的各种人物、动物、花卉等纹样的泥片用泥浆粘贴在成型的坯体表面，然后施釉，入窑焙烧。贴花纹样生动逼真，具有较强的立体感，如图5-10所示。

图 5-10　贴花

（4）印花。

印花是用有花纹的印具，在未干的坯体上印出花纹，或用有纹样的模子制坯，直接在坯体上留下花纹，然后入窑或施釉后入窑烧制。

（5）镂空。

镂空也叫"镂雕""透雕"，是在坯体未干时，将装饰花纹雕通，然后入窑或施釉后入窑烧制。图5-11所示为镂空陶瓷碗。镂空形成虚实对比，创造出既新颖又有较强空间感的结构形式，增添了现代气息。

图 5-11　镂空陶瓷碗

（6）彩绘。

彩绘是用毛笔蘸取各种颜料，在陶瓷器上绘制纹饰，分为釉下彩绘和釉上彩绘。前者是用颜料在坯体上绘画彩纹，然后施釉入窑高温生成；后者是将颜料画在施釉后高温烧过的器物釉面上，然后再次入窑低温烘烧。

5. 上釉

釉是覆盖在陶瓷坯体表面的一层玻璃态物质。釉在本质上是一种硅酸盐玻璃，但其成分较玻璃复杂，结构和性质也与玻璃不同。

釉的作用在于改善陶瓷制品的表面性能，使其表面光滑，易于清理，对液体和气体具有不透过性，具有装饰性，可以增加陶瓷的美观性。其次，釉还可以增加坯体的强度、化学稳定性等。

上釉指的是在陶瓷坯体的表面覆以釉料，釉料经高温熔融后与坯体密实结合。

上釉的方式有多种，常见的有以下几种。

（1）涂釉，即用笔或刷子蘸釉浆后直接涂于素胎上。

（2）浇釉，将釉浆浇于坯体中央，靠离心力使釉浆均匀散开，形成釉层，适合圆盘及单面上釉的产品。

（3）喷釉，用喷枪中的压缩空气将釉浆喷成雾状，使之黏附在坯体上，适合大型件、薄壁件、形状复杂件等。

（4）浸釉，将坯体浸入釉浆，借助坯体的吸水性使釉附着在坯体上，适合各类产品。

6. 烧成

陶瓷坯体被加热到高温，发生一系列物理化学反应，然后冷却到室温。原来由矿物原料组成的生坯发生显著变化，达到具有高致密度的瓷化状态，成为具有一定强度和性能的陶瓷制品。这个过程称为烧成，也称烧结，是坯体瓷化的工艺过程，是陶瓷制作工艺中的重要工序，对陶瓷的性能起决定性作用。因此，应该严格控制烧成工艺，包括烧成温度、保温时间、升温与降温的速度、烧成气氛等。

5.4.2　陶瓷制品的结构工艺性

在常见陶瓷成型工艺中，可塑成型法适合生产具有回转中心的零件，以及管、棒或薄片等，注浆成型法适合生产形状复杂、薄壁、不规则，对尺寸和精度要求不高的产品。与前两种成型方法相比，压制成型法生产率高，适合机械化和自动化生产，而且制品强度高、尺寸精度高，是大规模生产陶瓷最经济的方法。

采用压制成型法时，在制品的结构工艺性方面主要应该考虑以下三点。

（1）为保证压坯的密度均匀一致，制品应该尽量采用简单、均匀的形状，避免形状上的突变。

（2）制品的壁厚不能过薄，一般应该大于 2 mm，还应该避免细长型结构，以免出现裂纹，难以制造。

（3）壁的连接处应该采用圆角、倒角，避免模具或压坯产生应力集中现象，导致模具或压坯损坏。

5.5 陶瓷在产品设计中的应用

5.5.1 陶瓷在产品设计中的特点

（1）陶瓷具有优良的力学性能和物理化学性能。

陶瓷具有质硬、熔点高、刚度大、高温强度高、化学稳定性好、环保等优点，在要求耐高温、耐蚀、轻量、高硬、耐磨等工作场合下往往是首选材料。因此，陶瓷在耐火材料、高温结构材料、耐磨材料，以及日用品、轻量化构件等产品设计领域中应用十分广泛。

（2）陶瓷的感觉特性表现为高雅、明亮、时髦、整齐、精致、凉爽，具有突出的艺术价值和文化属性。

5.5.2 陶瓷应用实例

1. 建筑陶瓷

建筑陶瓷指的是房屋、道路、给排水和庭园等各种土木建筑工程用的陶瓷制品，按照用途可以分为墙地砖和卫生陶瓷。墙地砖有瓷质砖、锦砖、仿石砖、釉面砖等，卫生陶瓷有洗面器、水槽等，如图 5-12 所示。

图 5-12　建筑陶瓷

随着科学技术的发展和人们生活品质的提高，具有更好性能的新型建筑陶瓷逐渐被用于制造和生活中。

图 5-13 所示为大理石瓷砖。大理石瓷砖是具有天然大理石逼真纹理、色彩和质感的一类瓷砖产品。天然大理石是高档美观的装饰材料，但作为大自然的产物，不可避免存在各种缺陷，如色差大、瑕疵多、易渗污、难打理，以及价格高昂、供货周期长等问题。大理石瓷砖在纹理、色彩、质感、手感，以及视觉效果等方面完全具有天然大理石的逼真效果，装饰效果甚至优于天然石材，同时具有较好的防水率、平整度、抗折强度等实用性能，因此发展非常迅速，

成为现代家居装修的常用材料。

图 5-14 所示为粉煤灰砖。粉煤灰砖是以粉煤灰、石灰为主要原料，掺杂适量石膏和矿渣等原料压制而成的，主要用于工业与民用建筑的墙体和基础。粉煤灰砖的原料是粉煤灰、炉渣等工业废渣，原料来源广泛，成本极低。将粉煤灰、炉渣等工业废渣制成砖，既节约处理废渣的费用，又为建材工业开发了新的产品，变废为宝，发展循环经济，因此具有良好的应用前景。

图 5-13 大理石瓷砖

图 5-14 粉煤灰砖

2．艺术陶瓷

图 5-15 所示为典型的艺术陶瓷制品。

图 5-15（a）所示为小口尖底旋涡纹彩陶瓶，是我国古代彩陶文化的典型代表作品，属于新石器时代马家窑文化。该陶瓶小口尖底鼓腹，腹侧两耳可以系绳，红陶材质，施加黑彩，集实用与美观于一体。

图 5-15（b）所示为古希腊陶瓶。古希腊陶瓶是古希腊文明的象征，以绘有红、黑两色的陶瓶最为著名。古希腊陶瓶上画的大多是人物故事画，出自史诗、神话和戏剧，在世界美术史上是很罕见的。在绘画内容上，前期的古希腊陶瓶以花纹装饰居多，后期多为人物、剧情等。

图 5-15（c）所示为哥窑胆瓶，其重要特征是釉面开片，器身遍布断纹，这是釉面的一种自然开裂现象。哥窑以此作为釉面装饰，用裂纹缺陷装饰瓷器，追求一种缺陷美。

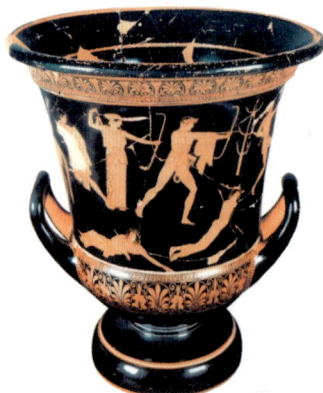

（a）小口尖底旋涡纹彩陶瓶　　　　（b）古希腊陶瓶　　　　（c）哥窑胆瓶

图 5-15 艺术陶瓷制品

3．陶瓷手机和手表

手机外壳基本分为两类，一是金属材质，质感强、耐磨而不易褪色；二是塑料材质，轻便，不影响信号接收。除此之外，还有一种陶瓷外壳手机。图 5-16 所示为小米公司推出的纳米锆陶瓷手机。陶瓷手机的外壳具有耐磨、不褪色、质感强、时尚美观等优点，给消费者新的使用体验。与金属和塑料相比，陶瓷的环保性能更好，纳米尺度的陶瓷材料可以有效增加产品的韧性，提高手机的抗摔碰性能。

图 5-17 所示为香奈儿公司推出的陶瓷手表。香奈儿公司用陶瓷制作手表，充分利用了陶瓷坚硬、耐磨、不变色、不褪色的优点，而且表面光洁、富有质感。

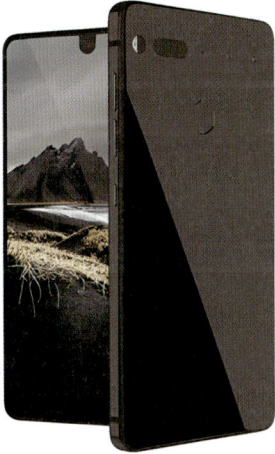

图 5-16　小米纳米锆陶瓷手机　　　　　　　　　　　图 5-17　陶瓷手表

4．陶瓷制动盘

陶瓷制动盘是用经过强化处理的陶瓷制成的，其材料是一种用高强度碳纤维和碳化硅陶瓷合成的复合材料，已经广泛用于制造高级跑车。

图 5-18 所示为奥迪陶瓷制动盘。自 2005 年开始，新型陶瓷制动盘成为奥迪 A8W12 与加长型奥迪 A8LW12quattro 车型的选配装置。无论在制动性能还是散热性能方面，陶瓷制动盘都比普通钢制制动盘优异很多。其质量轻，成本也低，使用寿命是普通钢制制动盘的 4 倍，耐蚀性更加优越，独特的散热孔造型和红色的制动卡钳更增加了时尚韵味。宝马、保时捷等汽车公司也纷纷采用陶瓷制动盘。图 5-19 所示为保时捷陶瓷制动盘。

图 5-18　奥迪陶瓷制动盘　　　　　　　　　　　图 5-19　保时捷陶瓷制动盘

思考题

1. 什么是陶瓷？陶瓷有哪些种类？
2. 陶瓷的典型组织是怎样的？
3. 陶瓷的成型方法有哪些？它们分别适合生产哪种类型的制品？
4. 陶瓷为什么是脆性的？如何改善其韧性？
5. 什么是特种陶瓷？什么是金属陶瓷？什么是玻璃陶瓷？
6. 陶瓷用于产品设计的主要优点是什么？

第**6**章
玻璃与工艺

　　玻璃是采用石英砂、纯碱、长石及石灰石等原料，经高温熔融并随后冷却而形成的无机非金属固体材料。玻璃是典型的非晶态无机材料，在不同的场合下也被称为琉璃、釉料等。

　　玻璃的出现距今已有 5000 年的悠久历史。据史料记载，人们在为陶瓷器物做装饰的过程中发明了一种玻璃质釉料，这是玻璃的早期形式。玻璃直到近现代才被人们重视并进行研究和大规模生产。18 世纪，为适应制作望远镜的需要，人们生产出了光学玻璃。19 世纪以来，随着欧洲迈入工业化进程，出现了平板玻璃，玻璃的制造成本降低，逐渐成为生活日用品和装饰品进入家庭。20 世纪初，平板玻璃引上机诞生，促进了玻璃生产的工业化和规模化，各种性能和用途的玻璃相继问世。现在，玻璃已经成为日常生活、生产和科学技术领域的重要材料。

6.1 玻璃的成分和结构

　　玻璃的种类很多，成分各不相同。石英玻璃主要成分是二氧化硅，其含量大于 99.5%。在石英玻璃中加入氧化钠和氧化钙，可以使玻璃的性能发生明显改善，得到性能优良的钠钙硅玻璃，化学氧化物的组成为（$Na_2O \cdot CaO \cdot 6SiO_2$），主要成分是二氧化硅。目前，大多数实用玻璃是以钠钙硅为基础的玻璃。为了满足各种不同的性能要求，可以在钠钙硅成分的基础上加入其他氧化物进行调节。

　　与金属等晶体相比，玻璃的结构较为复杂，一方面是因为其结构与化学成分有关，另一方面也与玻璃形成过程中各种物理、化学反应进行得不充分有关。为此，人们对玻璃的结构进行了许多研究，提出了多个学说。随着测试与分析技术的发展和对玻璃性质的深入研究，各种学说不断完善。目前较为普遍的观点认为，玻璃的结构宏观表现为无序、均匀和连续，而在微观上有一定的有序性、不均匀性和不连续性。玻璃中的原子不像晶体那样在空间中远程有序排列，而是近似液体，具有一定的近程有序排列。

6.2 玻璃的性能

6.2.1 玻璃的物理和化学性能

1. 物理性能

（1）密度。

玻璃的密度与其化学成分、温度等多个因素有关。各类玻璃的密度差别很大：石英玻璃的密度最小，为 2 g/cm³；普通钠钙硅玻璃为 2.5 ~ 2.6 g/cm³；含有大量氧化物的玻璃，密度可达 6 g/cm³。温度也影响玻璃的密度，随着温度的升高，玻璃的密度下降。

（2）光学性能。

玻璃是一种高透明物质，具有一定的光学常数，具有吸收或透过紫外线和红外线、感光、光变色、光储存和显示等重要光学性能。例如，普通平板玻璃能够透过可见光的 80% ~ 90%，紫外线大部分不能透过，红外线较易透过。

玻璃的着色也是其光学性能之一。在产品设计中，各种颜色的玻璃可以给设计师更多选择，创造出多种色彩质感的产品。彩色玻璃是产品设计重要的造型材料。例如，普通玻璃如果含有钒，则易产生绿色，经光照还原后会变为紫色；铁在玻璃中易使玻璃具有淡蓝色，铁离子具有吸收紫外线和红外线的特性，因此常用于制造太阳眼镜和电焊片玻璃。

（3）电学性能。

玻璃在常温下是电绝缘材料。温度升高时，玻璃的导电性能迅速提高，在熔融状态时变为导体。

（4）热学性能。

玻璃的热学性能主要包括热稳定性、导热性、热膨胀系数等。玻璃是热的不良导体，导热系数较低。玻璃的热膨胀系数因化学组成而有较大的变化，普通石英玻璃的热膨胀系数低，即在受热时不易膨胀，而一些特种玻璃的热膨胀系数较高。玻璃的热稳定性指玻璃经受剧烈的温度变化而不破坏的性能。热膨胀系数小的玻璃，一般具有较好的热稳定性。例如，石英玻璃的热膨胀系数小，热稳定性极好，可由红热状态投入水中而不破裂；硼硅酸盐玻璃含有一定量的二氧化硅和氧化硼，热膨胀系数也很低，所以热稳定性很好，称为耐热玻璃，被广泛用于制造厨房用品、实验室仪器等。图 6-1 所示为用高硼硅玻璃制造的碗和咖啡杯，具有优良的耐热防裂性能。热稳定性还与玻璃制品的厚度有关，制品越厚，承受温度急剧变化的能力越差。

图 6-1　高硼硅耐热玻璃碗和咖啡杯

2．化学性能

玻璃具有较高的化学稳定性。化学稳定性的高低主要取决于侵蚀介质的种类和玻璃的化学成分、热处理、表面状态等。大多数工业玻璃都能够抵抗除氢氟酸以外的各种酸的侵蚀。玻璃的耐碱蚀性较差。此外，玻璃会受到水和水汽的侵蚀。例如，普通的窗玻璃，长期在大气和水汽的侵蚀下，会变得晦暗。

6.2.2　玻璃的力学性能

玻璃的强度一般用抗压强度、抗拉强度、抗冲击强度等指标表示。玻璃强度的大小取决于化学成分、缺陷、应力分布等因素。玻璃抗拉强度低，这主要是由于玻璃的脆性和玻璃中存在的微裂纹导致的。玻璃具有较高的抗压强度。

玻璃的硬度高，莫氏硬度为 5～7。玻璃的硬度仅次于金刚石、碳化硅等材料，比一般金属硬，因此不能用普通刀具和锯进行切割，但可以利用磨料、磨具进行加工，如雕刻、抛光、研磨、切割等。

玻璃在受到外力时，不会呈现出屈服延伸阶段，是典型的脆性材料，这使玻璃的应用受到一定限制。玻璃的脆性通常用其被破坏时所受冲击强度来表示。利用钢化处理、表面涂层、微晶化等方式，可以有效提高玻璃的抗冲击强度。例如，钢化玻璃的抗冲击强度比退火玻璃高 5～7 倍，从而脆性大大下降。

6.3　产品设计中常用的玻璃

常用玻璃的种类很多，通常有两种分类方法，按照主要成分分类和按照工艺、性能分类。

6.3.1　按照主要成分的玻璃分类

1．石英玻璃

在石英玻璃中，二氧化硅的含量大于 99.5%。该类玻璃密度小，硬度高，耐高温，热膨胀系数低，具有较高的热稳定性和化学稳定性，能够透过紫外光、可见光和红外光，还有较高的电阻率，是良好的电绝缘体。石英玻璃的用途很广，可用于电光源、光导通信、激光等领域；也可用于化工、冶金、空间技术等方面，如化工生产中的燃烧、冷却、通风装置，以及火箭的喷嘴、宇宙飞船的防热罩和观察窗等。

2．钠钙硅玻璃

在石英玻璃的基础上加入氧化钠和氧化钙，构成钠钙硅玻璃。这种玻璃性能优良，成本低廉，易于成型，适合大规模生产。目前大多数实用玻璃都是以钠钙硅为基础的玻璃，主要用于制造各类平板玻璃、器皿玻璃、灯泡玻璃等。

3．硼硅酸盐玻璃

以氧化钠、二氧化硅和氧化硼为主要成分的玻璃，称为硼硅酸盐玻璃，又称为耐热玻璃或硬质玻璃。著名的 Pyrex 玻璃是硼硅酸盐玻璃的典型代表，发明于 1912 年，是第一种耐高温、有较好抗热冲击性能的玻璃。其热膨胀系数小，具有良好的耐热性和化学稳定性，用于制造咖啡壶等烹饪器具、实验室仪器、金属焊封玻璃等。

4．铅硅酸盐玻璃

该类玻璃的主要成分有二氧化硅和氧化铅，因氧化铅的加入而使玻璃具有较高的折射率和电阻率，并与金属有良好的封接能力，可用于制造灯泡、电真空元件、晶质玻璃艺术器皿、光学玻璃等。含有大量氧化铅的玻璃能够阻挡 X 射线和 γ 射线。

6.3.2　按照工艺和性能的玻璃分类

传统氧化物玻璃成本低，常用于制造对耐热、耐蚀等没有特殊要求的玻璃制品，如平板玻璃、器皿玻璃等。其中，平板玻璃是建筑玻璃中用量最大的一类，按照表面状态又可以分为普通平板玻璃、磨光玻璃、磨砂玻璃、花纹玻璃等。

1．普通平板玻璃

普通平板玻璃即窗玻璃，具有透光、隔热、隔声等性能，被广泛用于门窗、墙面、室内装饰等。

2．磨光玻璃

普通平板玻璃经抛光形成磨光玻璃，分为单面磨光和双面磨光，又称镜面玻璃。磨光玻璃表面平整光滑，物象透过不变形，厚度一般为 5 ~ 6 mm，适用于光面装饰，常用于大型高级门窗、橱窗及镜子。

3．磨砂玻璃

普通平板玻璃或磨光玻璃经机械喷砂、手工研磨或化学腐蚀等方法处理，将表面处理成均匀的毛面，制成磨砂玻璃，又称毛玻璃、暗玻璃。磨砂玻璃表面粗糙，可以透光，但不能透视，常用于需要隐蔽的浴室、卫生间、办公室门窗及隔断，也可用于黑板。磨砂玻璃，如图6-2所示。

图6-2　磨砂玻璃

4．花纹玻璃

花纹玻璃主要有压花玻璃、喷砂玻璃、刻花玻璃三类。

（1）压花玻璃。

压花玻璃又称滚花玻璃，是在玻璃硬化前，用刻有花纹的滚筒，在玻璃单面或双面压上各种花纹图案。图6-3所示的压花玻璃具有花纹美丽、透光而不透视的特点，适用于要求兼顾采光和隐秘需求的门窗，以及有装饰效果的半透明室内分隔材料。

图6-3　压花玻璃

（2）喷砂玻璃。

喷砂玻璃是用喷砂机在玻璃上加工出水平或凹凸图案，形成的具有半透明雾面效果的玻璃产品。喷砂玻璃具有朦胧的美感，在性能上与磨砂玻璃相似，可用于表现区域界定而又互不封闭的地方，如餐厅和客厅之间。

（3）刻花玻璃。

刻花玻璃是由平板玻璃经洗净—涂蜡（用汽油溶解的石蜡，起保护作用）—刻花（刻出所需的文字和图案，必须露出玻璃）—腐蚀（滴入或涂拭氢氟酸，以得到文字或图案）—研磨修整而成的。图 6-4 所示的刻花玻璃可用于商店或家庭的装饰用品、工艺品及日用器皿等。

图 6-4　刻花玻璃

除上面提到的玻璃类型之外，平板玻璃还可以通过着色、表面处理、复合等工艺制成具有不同色彩和特殊性能的制品，如热反射玻璃、低辐射玻璃、中空玻璃、夹丝玻璃、钢化玻璃、夹层玻璃、彩色玻璃等。

5. 热反射玻璃

热反射玻璃是在普通浮法玻璃的表面覆上一层金属介质膜，以降低太阳光产生的热量，既具有高的热反射能力，又保持良好的透光性。因为覆盖了一层金属介质膜，所以热反射玻璃又称为镀膜玻璃，主要用于制造玻璃幕墙，如图 6-5 所示。

图 6-5　热反射玻璃幕墙

6. 低辐射玻璃

低辐射玻璃又称 Low-E 玻璃，是用物理或化学方法在玻璃表面镀金属薄膜或金属氧化物薄膜，因此也是镀膜玻璃的一种。该类玻璃与热反射玻璃的区别在于，它具有双向调节温度的功能，既能在夏季阻止热能进入室内，又能在冬季阻止热能的外泄，从而取得节能环保、使室内"冬暖夏凉"的效果。

7. 中空玻璃

中空玻璃是一种节约能源的玻璃，是在两片平行放置的玻璃板之间周边镶嵌垫条，从而形成一个充满干燥空气的整体。中空玻璃具有良好的隔音、隔热和抗结露性能，主要用于需要采暖和安装空调的建筑中，特别适合寒冷地区的建筑物使用。

8. 夹丝玻璃

夹丝玻璃又称防火玻璃或钢丝玻璃，是将普通平板玻璃加热到红热软化状态，采用压延方法，将金属丝或金属网嵌于玻璃板内制成的一种具有防抗击性能的平板玻璃。夹丝玻璃有不同形式，如图 6-6 所示。与普通玻璃相比，夹丝玻璃的强度大大提高，而且受外力冲击或温度变化时，破而不缺、裂而不散，降低了碎片飞溅的危险，具有较好的防火性和安全性，可用于天窗、天棚顶盖等。

9. 钢化玻璃

钢化玻璃是将普通玻璃切割成要求的尺寸后，加热到一定温度，再进行快速均匀的冷却（淬火）而得到的玻璃。玻璃经过这样的处理之后，表面会产生均匀分布的压应力，从而使其强度提高。与普通玻璃相比，钢化玻璃强度更高，热稳定性更好，而且被破坏时仅形成无棱角的碎片，可避免或减轻对人体的伤害，因此具有更高的安全性，被广泛用于民用、商用建筑。

10. 夹层玻璃

夹层玻璃一般是在两片或多片普通平板玻璃之间夹入有机胶片或灌入液态胶水压合、固化而成的复合玻璃结构，如图 6-7 所示。当受到破坏时，玻璃碎片仍然黏附在胶层上，避免了碎片飞溅对人体的伤害。夹层玻璃多用于汽车、船舶等，也用于有安全要求的装修项目，如商店的橱窗、阳台、楼梯护栏、银行窗口、水下建筑物等。

夹层玻璃还可以有其他附加功能。例如，当采用强度较高的钢化玻璃，而且夹层的数量相对较多的时候，夹层玻璃可用于防弹和防盗玻璃。当子弹接触到玻璃时，其冲击能量被削弱到很低，不能穿透玻璃。金属撞击也只能将玻璃击碎，而不能穿透。因此，夹层玻璃可用于军队、银行等对安全要求非常高的装修工程之中。在夹层玻璃里面预埋电热线，接通电源后，可以使玻璃保持一定的温度，避免出现玻璃结露、结霜、结冰等问题。此外，在两片或多片夹层复合玻璃的夹层材料里嵌入极细的导电金属丝，将其与电源、自动报警器相连，玻璃受到外力打击时就会发出警报，这就是防盗报警玻璃，主要用于银行、博物馆、金库、珠宝店等场合。

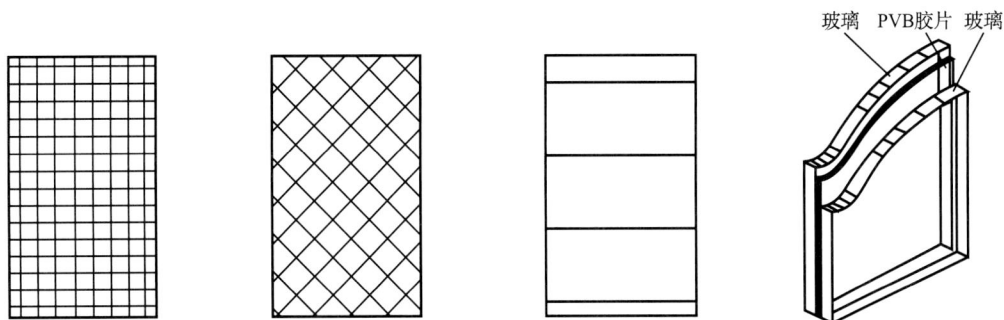

图 6-6 夹丝玻璃的形式

图 6-7 夹层玻璃结构示意图

11. 玻璃砖

玻璃砖是空心或实心的块状玻璃，具有通透、环保等优点，逐渐成为时尚的建筑装修材料。玻璃砖多用于结构材料，用于墙体、屏风、隔断等，如图 6-8 所示。北京水立方、上海世博园等现代建筑，均采用了玻璃砖，主要用于卫浴、隔断等处。

图 6-8　玻璃砖应用场景

12. 玻璃马赛克

玻璃马赛克是用石英、石灰石、长石、纯碱等配料经高温烧制而成的玻璃制品，一般需要添加着色剂。玻璃马赛克又称玻璃锦砖，具有化学稳定性好、颜色丰富、洁净、价廉、安全环保、施工方便等优点。玻璃马赛克在光的漫反射下色彩更显得优雅，常用于墙面装饰，既美化环境，又保护墙体，是最灵活、小巧的装修材料，并可以进行多种组合，如图案、同色系深浅跳跃或过渡、为瓷砖等装饰材料做纹样点缀等。

13. 器皿玻璃

器皿玻璃即玻璃器皿，包括饮料瓶、调味料瓶、药瓶、化妆品瓶，以及玻璃杯等。玻璃器皿具有清洁卫生、美观透明、化学稳定性高、易密封、可多次使用、成本低廉、环保等优点，缺点是机械强度低、易破损。

6.3.3 新型玻璃

新型玻璃指采用精制、高纯或新型原料，或采用新工艺在特殊条件下制成的，或严格控制形成过程制成的，具有特殊性能的玻璃或无机非晶态材料。新型玻璃制品已经成为高科技领域不可缺少的一员，特别是利用光电子技术开发的基础材料，常见的有光电玻璃、微晶玻璃、玻璃纤维、基板玻璃、智能调光玻璃等。

1. 光电玻璃

光电玻璃又称光伏玻璃，是把太阳能电池植入两片玻璃之间并注入特殊的树脂，通过电池将光能转化为电能。光电玻璃造价较高，主要用于标志性建筑的幕墙和屋顶，整栋建筑用电可以由幕墙和屋顶的光电玻璃发电系统提供。

图 6-9 所示为北京某酒店的光电玻璃幕墙，这是节能幕墙应用的一个典型案例。该酒店正面由光伏板阵遮盖，白天发出的电能储存在电池内，晚上对多媒体幕墙的 LED 光源供电。

2. 微晶玻璃

微晶玻璃是 20 世纪 50 年代发展起来的新型玻璃，又叫结晶玻璃或玻璃陶瓷，是将含有晶核生成剂的玻璃在一定条件下进行热处理，玻璃相中析出大量微晶体相，形成由晶体相和玻璃相均匀分布的复合体。

微晶玻璃有不同品种，有的微晶玻璃热膨胀系数低，可用于制造耐受温度剧变的产品，如炊具、试验台桌面、管道、望远镜等；有的能够透过微波，可用于制造雷达天线罩和导弹头整流罩等。

3. 玻璃纤维

玻璃纤维是由熔融玻璃拉成或吹成直径为几微米至几千微米的纤维，成分与玻璃相同，如图 6-10 所示。玻璃纤维常用于复合材料中的增强材料，以及电绝缘材料、绝热保温材料、电路基板等多个领域。

图 6-9　光电玻璃幕墙

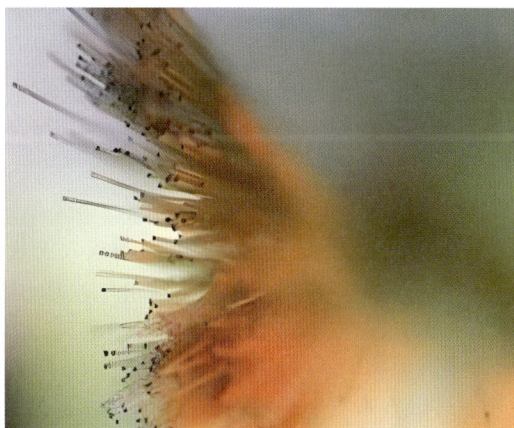

图 6-10　玻璃纤维

4. 基板玻璃

大规模集成电路、光刻基板，以及液晶、太阳能电池盖板等都使用光学性能均匀和强度高的薄层基板玻璃。图 6-11 所示为玻璃基板在液晶面板中的位置示意图。基板玻璃是构成液晶面板重要的原材料之一。基板玻璃对面板产品性能的影响十分巨大，面板成品的分辨率、透光度、厚度、质量、可视角度等指标都与其采用的基板玻璃质量密切相关。

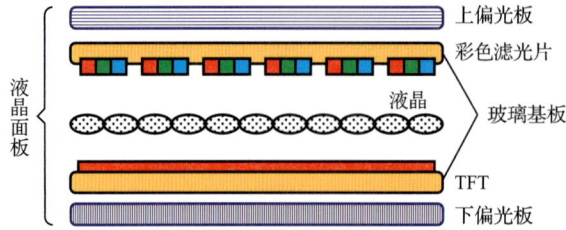

图 6-11　玻璃基板在液晶面板中的位置示意图

5. 智能调光玻璃

智能调光玻璃，如图 6-12 所示。智能调光玻璃是在两块普通玻璃中间加了一层通电的液晶分子膜（电致变色膜）。当没有电流通过薄膜时，液晶分子在自由状态下呈现无规律排列，入射光被散射，玻璃变暗，呈现雾状；当通电施加磁场后，液晶分子呈垂直排列，允许入射光通过，玻璃便透明起来。智能调光玻璃可用于室内外的隔断。

图 6-12　智能调光玻璃

6. 微孔玻璃

微孔玻璃的微孔需要借助显微镜才能分辨清楚，它能阻挡粉尘、细菌甚至病毒。微孔玻璃被广泛用于各种液体和气体的过滤，以及固定生物酶载体和生物适应性载体，在环境工程（如工业用水、生活用水、污水处理等）方面应用前景广阔。

7. 生物玻璃

生物玻璃是利用玻璃或玻璃陶瓷制成人工骨、人工牙齿等，将其植入人体内，通过玻璃与骨骼中成分的相互作用而使骨质细胞与玻璃牢固结合。人工骨目前已经成功应用于临床。

8. 金属玻璃

金属玻璃在本质上是一种非晶态金属，也称玻璃态金属，一般由熔融的金属迅速冷却制得。相比一般的金属，金属玻璃内部没有有序结构，也不存在传统金属材料的缺陷，有超越传统金属材料的优秀品质。金属玻璃硬度高，用于制造首饰，可使首饰在长期佩戴后依旧完好如初，不会因为佩戴不当或撞击等外界因素导致变形，而且韧性好，可承受拉丝、雕刻、打磨、切割等复杂加工而不发生断裂。利用金属玻璃可以制作出形状多样，符合消费者审美要求的首饰。

6.4 玻璃生产工艺

从原料到获得具有一定形状和尺寸的玻璃制品需要经过一系列的加工过程，玻璃生产工艺通常包括玻璃成型工艺和玻璃加工工艺。

6.4.1 玻璃成型工艺

玻璃成型工艺主要包括配料、熔制、成型。

1. 玻璃的配料

（1）主要原料及其作用。

玻璃的主要原料是指向玻璃中引入各种氧化物的原料，主要原料决定了玻璃的物理和化学性质。

① 石英砂。

石英砂又称硅砂，主要成分是二氧化硅（SiO_2），是由石英岩、长石等受水及温度的影响逐渐分解风化而成的。二氧化硅是重要的玻璃形成氧化物，对玻璃的力学性能、化学稳定性、热学性能影响很大。含二氧化硅的原料在自然界的分布极为广泛，但适用于玻璃工业生产的并不多，一般常用优质硅砂、砂岩、石英岩等。

② 硼酸、硼砂。

利用硼酸和硼砂可以向玻璃中引入氧化硼（B_2O_3）。氧化硼可以降低玻璃的热膨胀系数，提高其热稳定性、化学稳定性和机械性能。氧化硼还可以起到助熔剂的作用，加速玻璃的澄清和熔解。

③ 长石、高岭土。

长石、高岭土是向玻璃中引入三氧化二铝（Al_2O_3）的主要原料。三氧化二铝提高玻璃的化学稳定性、热稳定性、强度、硬度和折射率，减轻玻璃对耐火材料的侵蚀。

④ 纯碱、芒硝。

纯碱、芒硝是向玻璃中引入氧化钠（Na_2O）的原料。氧化钠是玻璃良好的助熔剂，可以降低玻璃的黏度，使其易于熔融和成型。

⑤ 方解石、石灰石。

方解石、石灰石是向玻璃中引入氧化钙（CaO）的原料。氧化钙起稳定剂作用，增加玻璃的化学稳定性和机械强度，但含量较高会使玻璃的结晶倾向增大，易使玻璃发脆。

⑥ 硫酸钡、碳酸钡。

硫酸钡、碳酸钡是向玻璃中引入氧化钡（BaO）的原料。含有氧化钡的玻璃具有较强的吸收辐射的能力，用于制造高级器皿玻璃、化学仪器、光学玻璃、防辐射玻璃等。

除此之外，玻璃的主要原料中还有引入五氧化二磷（P_2O_5）、氧化铅（PbO）、氧化钾（K_2O）等的原料。玻璃的主要原料根据玻璃性能和工艺的要求而添加。

（2）辅助原料及其作用。

辅助原料是使玻璃获得某些必要的性质和加速熔制过程的原料。

① 澄清剂。

在玻璃熔解过程中能够分解出气体，或能够促使玻璃液中气泡排除的原料称为澄清剂。常用的澄清剂有氧化砷、硫酸钠、氟化物等。

② 着色剂。

使玻璃着色的物质称为着色剂。其作用是使玻璃对光线选择性吸收，从而显出一定的颜色。

③ 脱色剂。

无色玻璃应该有良好的透明度，但玻璃原料中所含的化合物和有机物有害杂质会使玻璃着色。为消除这种影响，提高玻璃的透明度，最有效的方法就是加入脱色剂。

④ 乳浊剂。

使玻璃产生乳白色而不透明的添加物称为乳浊剂。

⑤ 助熔剂。

在玻璃熔制过程中加速反应的添加物称为助熔剂。

（3）配合料的制备。

玻璃的配合料要求有一定的颗粒组成，所以大部分原料（石英砂、纯碱、石灰石、长石等）都需要经过破碎、粉碎、筛分、称量、混合制成配合料。在配合料中加入一定量的水，以减少粉尘，提高熔制速度。在配合料中有一定的气体是必要的，气体的产生和逸出有利于玻璃液的搅拌，以及硅酸盐的形成和玻璃均化。

2. 玻璃的熔制

将玻璃配料在池窑或坩埚窑内高温加热，使之形成均匀、无气泡并符合成型要求的液态玻璃的过程，称为玻璃的熔制。熔制是玻璃生产最重要的环节之一，玻璃常见缺陷，如气泡、结石、条纹等，往往是由于熔制不佳造成的。玻璃的熔制包括以下 5 个阶段。

（1）硅酸盐的形成。

配合料经过加热，生成由硅酸盐和二氧化硅组成的不透明烧结物。该反应基本是在固态下进行的。对于普通的钠钙硅玻璃来说，这个反应在 800 ~ 900 ℃基本完成。

（2）玻璃的形成。

继续加热，不透明烧结物开始熔融并逐渐变成透明体。此时的玻璃液在化学组成和性质上并不均匀，含有大量气泡和条纹。对于普通玻璃来说，这个阶段的温度是 1200 ~ 1250 ℃。

（3）玻璃液的澄清。

随着加热温度的升高，玻璃液的黏度降低，放出气体，去除可见气泡的过程，称为澄清。玻璃液的澄清是玻璃熔化过程中极其重要的环节，它与玻璃制品的质量和产量有密切的关系。普通钠钙硅玻璃的澄清是在 1400 ~ 1500 ℃结束的。

（4）玻璃液的均化。

玻璃液长时间处于高温状态，由于扩散作用，其化学组成逐渐趋向均匀，条纹、结石消除到允许的限度，称为均化。

（5）玻璃液的冷却。

把经过澄清、均化的玻璃液的温度降低到 1000 ~ 1100 ℃，以便使玻璃液具有成型必需的黏度。

3. 玻璃的成型

玻璃的成型是将熔融的液态玻璃转变成具有固定几何形状的制品，如平板、器皿等的过程。

玻璃在冷却时，由黏性液态转变为可塑态，再转变为脆性固体。

根据成型方式不同，玻璃的成型分为人工成型和机械成型。人工成型主要用于小批量产品及艺术玻璃等的生产，生产效率低，劳动强度大，对工人的操作技能要求较高。机械成型是更加普遍的成型方法。玻璃的机械成型方法主要有压制成型、吹制成型、拉制成型、压延成型、浮法成型。

不同类型的玻璃往往采取不同的成型方法。

（1）平板玻璃的成型方法。

平板玻璃的成型方法主要是拉制法、浮法、压延法。其中，拉制法又分为垂直引上法和水平拉制法。

① 垂直引上法。

垂直引上法主要包括有槽垂直引上法和无槽垂直引上法。生产时，使玻璃液分别通过槽子砖、辊子，或采用引砖固定板根，靠引上机的石棉辊子将玻璃带向上拉引，经退火、冷却，连续生产平板玻璃。

② 水平拉制法。

水平拉制法是利用机械拉引力将玻璃熔体拉制成产品，如图 6-13 所示。此法较难精确控制玻璃的厚度。

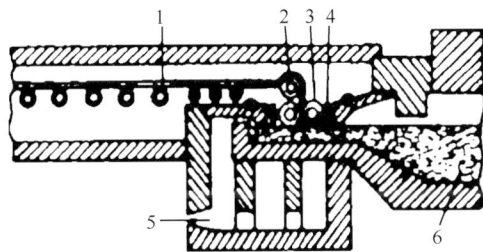

1—玻璃板；2—转动辊；3—成型辊；4—水冷挡板；5—燃烧器；6—熔融玻璃

图 6-13 玻璃水平拉制成型示意图

③ 浮法。

浮法玻璃最早是在 20 世纪 50 年代由英国人发明的，来自油水分离的灵感。

浮法成型时，熔融的玻璃液从熔窑中连续流出，进入通有保护气体的锡槽中。锡槽的保护气体一般是氮气，目的是保护锡液不被氧化，避免玻璃被污染。

锡液与玻璃液是不相溶的，如同油和水一样。玻璃的比重低于锡的比重。玻璃液漂在锡液上面，玻璃液在重力和表面张力的作用下，其上表面很平，下表面与锡液接触也很平。随着温度的下降，玻璃逐渐硬化变成固体，从而形成平板玻璃。图 6-14 所示为浮法玻璃工艺示意图。

浮法玻璃厚度均匀，上下表面平整、平行。浮法成型生产率高，而且利于管理，因此成为主流的玻璃制造方式。

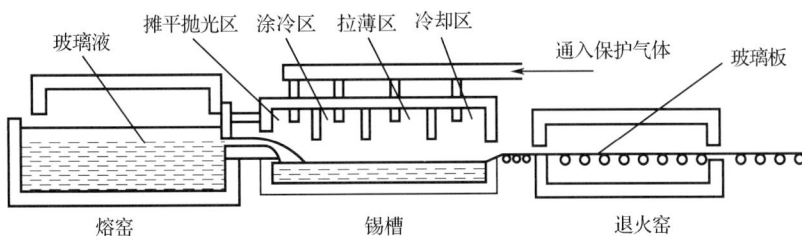

图 6-14 浮法玻璃工艺示意图

④ 压延法。

压延法是利用金属压辊的滚动将玻璃熔体压制成板状制品，主要用于制造压花玻璃、夹丝玻璃、波形玻璃等。各种压延法，如图 6-15 所示。其中，平面压延是将玻璃液倒在浇注台的金属板上，然后用金属压辊压制成平板。该法比较古老，其产品在质量、成本、效率等方面都不具备优势，已经被淘汰。辊间压延是玻璃液流出，进入成对的水冷压辊之间，在压制成平板之后退火。该法在产品质量、成本等方面均好于平面压延，但存在间歇作业的缺点。该法进一步发展成为连续压延法。辊筒上刻有花纹，生产出的玻璃即成为压花平板玻璃；辊筒间夹入金属丝，生产出的玻璃便成为夹丝玻璃。

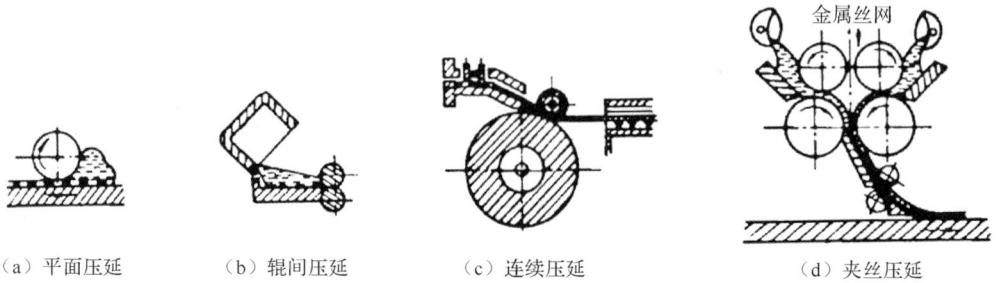

（a）平面压延　　（b）辊间压延　　（c）连续压延　　（d）夹丝压延

图 6-15　玻璃压延法示意图

（2）空心玻璃的成型方法。

空心玻璃常用的成型方法有吹制法和拉制法。吹制法又可以分为手工吹制法和机械吹制法。

① 手工吹制法。

用铁制吹管一端蘸取玻璃液，称为挑料，铁制吹管另一端是吹嘴。挑料后，将料在滚料板上滚匀、吹气，形成玻璃料泡。然后，在模具中吹制成玻璃半成品，出模修饰后成为玻璃成品。

② 机械吹制法。

将玻璃黏料放入型坯模，采用压制方法使玻璃制品具有雏形，再将雏形玻璃移入成型模中，用压缩空气将玻璃雏形吹胀成中空制品。该法用于批量制造瓶、罐等形状的器皿，如薄壁器皿、电灯泡、热水瓶胆等。图 6-16 所示为玻璃吹制成型示意图。

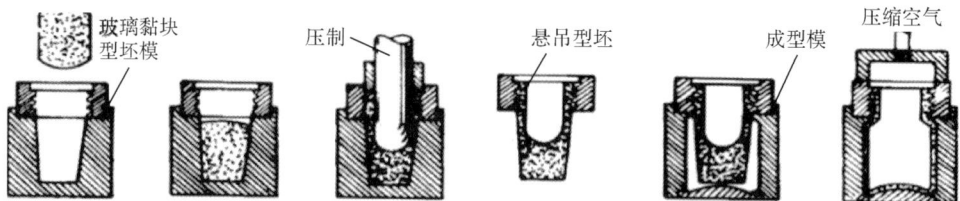

图 6-16　玻璃吹制法示意图

③ 拉制法。

玻璃拉制有多种成型方法，如丹纳拉管法、维络拉管法、垂直引上拉管法等。图 6-17 所示为玻璃垂直引上拉管生产示意图。拉制法可用于制造玻璃管、玻璃棒、连续玻璃纤维等。

（3）碟盘玻璃的成型方法。

碟盘玻璃一般在模具中加入玻璃熔料后加压而成型。压制法生产工艺简单，很适合生产扁平的盘碟、形状规整的玻璃砖、烟灰缸、水杯等产品，也能压出带花纹的制品。压制成型一般用于加工容易脱模的产品，一般不适合产品壁太薄、内腔侧壁有凹凸，或内腔过深等情况。

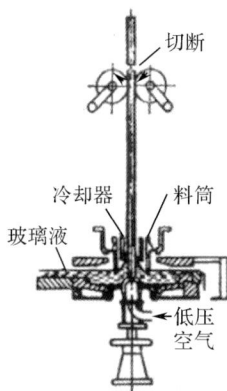

图 6-17　玻璃垂直引上拉管生产示意图

6.4.2　玻璃加工工艺

1. 玻璃的热处理

（1）退火。

玻璃制品在生产过程中经受剧烈的温度变化，其内部产生内应力，在后续的加工和使用过程中存在开裂的倾向。应力的存在还会降低制品的强度、热稳定性和结构均匀性等。退火就是将该内应力消除或降低到允许值的热处理。

玻璃退火通常经过加热、保温、冷却三个阶段，有的玻璃在成型后直接退火，这种情况不需要加热。玻璃制品在保温后应该缓慢冷却，防止温差过大产生应力。薄壁制品（如灯泡）和玻璃纤维在成型后，由于热应力小，一般不进行退火。

（2）淬火。

玻璃强度低，易脆裂，所以在生产中往往对玻璃进行淬火处理，在其表面形成有规律的、均匀分布的压力层，以提高其机械强度和热稳定性。经过淬火处理的玻璃内层和外表面层的应力分布呈现内拉外压的永久应力。玻璃淬火处理又称钢化处理，经过淬火处理的玻璃通常称为钢化玻璃。

钢化玻璃与普通玻璃相比，除强度和热稳定性有很大提高之外，由于其内拉外压的应力分布状况，在破裂时碎片不易散落，安全性能大大提高。同时，应力也使钢化玻璃一般不能再进行切割。如图 6-18 所示，冰箱层架隔板采用钢化玻璃，坚固通透。

图 6-18　冰箱层架隔板采用钢化玻璃

2．玻璃制品的二次加工

为改善玻璃制品的表面性质、外观质量、外观效果等，通常需要对玻璃制品进行二次加工。玻璃制品的二次加工主要包括冷加工和热加工。

（1）玻璃的冷加工。

玻璃的冷加工是指在常温下通过机械方法改变玻璃制品外形和表面形态的工艺过程。玻璃的冷加工包括研磨、切割（用金刚石或硬质合金刀具切割）、抛光、磨边、喷砂和钻孔等。通过研磨，可以消除表面缺陷或凸出部分，使玻璃达到符合要求的形状、尺寸和平整度，接下来的抛光可以进一步消除凹凸和条纹等。对玻璃钻孔可以使用硬质合金、金刚石钻头或超声波进行。喷砂是利用高压气流将石英砂或金刚砂吹到玻璃表面，使玻璃表面形成毛面，主要用于器皿玻璃表面磨砂及玻璃仪器商标打印。

（2）玻璃的热加工。

玻璃的热加工是指有些形状复杂的玻璃制品，最后需要通过加热成型。热加工可以改善玻璃制品的性能和外观质量。常用的热加工方法有火焰切割、火抛光、钻孔、锋利边缘烧口等。

6.4.3　玻璃表面处理

1．玻璃的光滑面与散光面

采用化学蚀刻、化学抛光等玻璃表面处理技术可以控制玻璃表面的凹凸，从而形成光滑面和散光面。

玻璃蚀刻是利用氢氟酸的腐蚀作用，使玻璃获得不透明毛面的方法。首先在玻璃表面涂覆石蜡、松节油等作为保护层并在其上刻绘图案，其次用氢氟酸溶液腐蚀刻绘所露出的部分。

化学抛光的原理和蚀刻类似，是利用氢氟酸破坏玻璃原有的硅氧膜，并生成一层新的硅氧膜，使玻璃得到很高的光洁度和透光度。

2．玻璃的着色

玻璃的着色是通过改变玻璃表面的薄层组织，改善玻璃的表面性质，从而使玻璃获得新的性能，常用于玻璃器皿的表面装饰、仪器玻璃的刻度等方面。

玻璃表面着色是在高温下将带有着色离子的盐类糊膏涂覆在玻璃表面，使着色离子与玻璃中的离子进行交换，扩散到玻璃表层中去，使玻璃表面着色。有些金属离子还需要还原为原子，原子聚集成胶体而着色。玻璃着色后，表面是透明的，平滑光洁。

3．玻璃表面涂层

在玻璃表面镀银，产生镜面反光效果，即镜子的镀银。

在玻璃表面涂上过渡金属氧化物或金属薄膜，使玻璃具有导电性，这种玻璃称为表面导电玻璃，常用于飞机、汽车、船舶、冷冻设施的观察窗，以及烹调用具、干燥器等设备的加热板等处。

玻璃彩饰是利用彩色釉料对玻璃制品进行装饰的过程。常见的玻璃彩饰方法有描绘、喷花、贴花、印花等。玻璃制品彩饰后需要进行彩烧，使釉料牢固熔附在玻璃表面，并使色釉平滑光亮、鲜艳持久。

6.5 玻璃在产品设计中的应用

6.5.1 玻璃在产品设计中的特点

玻璃是一种透明固体物质，透明是玻璃最可贵的特点。除此之外，玻璃还具有坚硬、气密性好、耐腐蚀、易成型等优点。制造玻璃所用的原料在地壳中含量丰富，价格便宜。因此，玻璃是现代家居、建筑、设计等领域重要的绿色环保材料。

玻璃的感觉特性为高雅、明亮、光滑、时尚、干净、精致、活泼。玻璃以天然的、极富魅力的透明性和变幻无穷的色彩感和流动感，充分展示了其材质美。

6.5.2 玻璃应用实例

玻璃的原料来源广泛，价格低廉，而且无味、环保，常用于日用品、工艺品、家居装修和建筑等领域。改变玻璃的化学成分，可以得到不同性能的玻璃，极大地满足人们的生产和生活需求。玻璃具有可贵的透光性能，更是令玻璃造型创作充满灵动性。

1. 艺术玻璃

吹制成型是玻璃器皿最常见的成型方法，吹制成型使玻璃形态的创作空间充满想象力。玻璃的吹制过程更像一种艺术创作过程。图 6-19 所示为吹制成型的玻璃吊灯，形态奇特，状如花蕊，在灯光辉映下，更显示出绚烂美感。艺术玻璃灯具兼具实用性和观赏性，不仅能够照亮人们的生活环境，而且能够营造良好的环境艺术氛围。

意大利穆拉诺岛的玻璃工艺师将玻璃生产技术与艺术创作相结合，发明出众多色彩斑斓的玻璃制品。图 6-20 所示为穆拉诺七彩玻璃镇纸，颜色鲜艳，图案各异，令人赏心悦目。

图 6-19　吹制成型的玻璃吊灯

图 6-20　穆拉诺七彩玻璃镇纸

艺术玻璃将光学和美学完美地结合在一起，具有独特的质感美，这是其他材料无法替代的。

在深入了解玻璃特性的过程中，人们不断扩大玻璃的表现力。因此，玻璃在日益融入人们的物质生活的同时，一步步登上了艺术殿堂。

琉璃是玻璃的一种，一般是指加入各种氧化物高温烧制而成的有色玻璃制品。图 6-21 和图 6-22 所示为琉璃制品。琉璃起源于山东省淄博市。关于琉璃工艺的文字记载最早可以追溯到我国唐代，历经唐、宋、清等朝代的发展。如今，琉璃烧制技艺已经入选国家级非物质文化遗产名录。琉璃工艺品，晶莹剔透，光彩夺目，具有很高的使用价值和观赏价值。

图 6-21　清代黄琉璃花鸟纹赏瓶

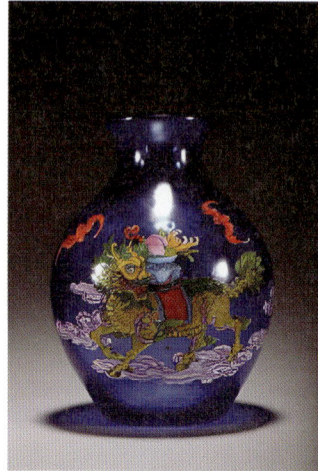

图 6-22　清代麒麟纹赏瓶

2. 玻璃家具

晶莹剔透的玻璃家具已经成为现代家具的一个流行亮点。玻璃家具融合了现代家具和传统家具的精华，图 6-23 ~图 6-26 展示了玻璃在家具中的应用。玻璃家具将玻璃和金属、木材、塑料等多种材质巧妙地结合在一起，既具有实用性，又具有观赏性。现代家居设计讲求以视觉为中心，而玻璃家具独特的设计造型和材质效果迎合了这一特点，它像珍贵的宝石装饰物一样，让居室焕发出灿烂的光彩，成为人们视觉的焦点。

图 6-23　玻璃桌

图 6-24　钢化玻璃茶几

图 6-25 玻璃椅

图 6-26 玻璃墙挂

3. 建筑玻璃

玻璃具有独特的透光性，这种透光性增加了建筑内外环境的通透性，使建筑空间融合到大环境中，使处于建筑物内部的人在视觉上产生向自然环境的延伸。玻璃还具有光反射性，玻璃光滑坚硬的表面使其具有强烈的光反射能力，从而呈现出光与影融为一体的质感美。此外，玻璃还具有稳定的物理性能和化学性能，而且绿色环保。因此，玻璃越来越多地用于建筑装饰材料。

玻璃在建筑、家居装修中一般会用于窗户、顶棚、天窗或庭院阳台等地方。图 6-27 所示的建筑采用玻璃搭建顶棚，不仅为整个楼面提供了良好的光线，还营造出通透、清爽之感。

图 6-27 玻璃建筑

图 6-28 所示为玻璃幕墙 LED 显示屏。玻璃幕墙已经广泛应用于各类楼宇建筑的外墙。近年来，随着光电技术的发展，玻璃幕墙与 LED 显示屏相结合，成为很好的户外广告载体。利用玻璃幕墙播放广告视频或图片的时候，画面超大，美轮美奂，给人强烈的震撼。

图 6-28　玻璃幕墙 LED 显示屏

4．智能玻璃应用

随着人工智能和电子信息技术的发展，玻璃用于家居和建筑，已经不再仅仅满足采光和透光要求，而是增添了更多智能功能。如图 6-29 所示，在屋顶放置光电玻璃，通过光电电池将太阳能转化为电能，从而满足智能办公室的用电需求。智能玻璃分隔墙是现代智能家居装修的常见设施，采用智能调光玻璃。智能调光玻璃是一种夹层玻璃，中间夹有一层液晶胶片。通电时，液晶有序排列，玻璃变得透明；断电时，玻璃呈朦胧之感，或者变成遮帘。除此之外，液晶显示屏的基板材料也采用玻璃，此种玻璃具有特殊性能，极薄、极平整，成分和性能均被严格控制。

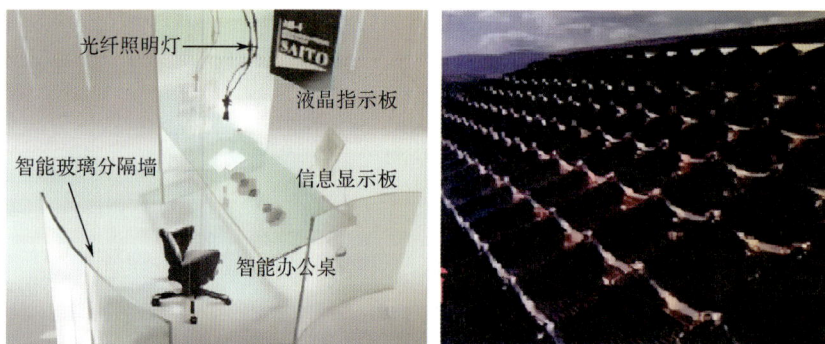

图 6-29　由智能玻璃构成的办公室

思考题

1. 什么是玻璃？
2. 玻璃的成型方法有哪些？它们分别适合哪种类型的玻璃制品？
3. 简述对玻璃进行热处理的必要性。
4. 什么是浮法玻璃？
5. 钢化玻璃与普通玻璃相比有什么特点？
6. 结合新型玻璃材料的开发趋势，讨论玻璃材料的应用走向。

第7章
木材与工艺

木材是天然材料，种类繁多，性能优良，自古以来就是使用极为广泛的造型材料，用于制造农具、建筑、家具等。木材用于建筑历史悠久，河姆渡文化中就出现了早期的木建筑雏形。木材用于家具的设计与制作，充分体现了木材的色彩美和纹理美。

现在，纯木建筑已经很少，但木材依旧与人们的生活息息相关，家具、装修、造纸、交通等行业均离不开木材。木材以质轻、天然、温暖、亲和等独特优点在产品设计中占据不可或缺的位置。

7.1 木材的结构和分类

7.1.1 木材的结构

木材从下到上可以分为树根、树干、树冠。树根主要用于制造工艺品，如根雕。树干是木材的主要部分。树干从外到内分为树皮、形成层、木质部（包括边材和心材）、髓，如图 7-1 所示。

树皮是外层组织，是保护层，起储藏和输送养分的作用。形成层是细胞分裂生长的区域，位于树皮和木质部之间，是树皮和木质部产生的源泉。年轮的形成与形成层的活动状况有关。木质部是树干的主要部分，是木材加工的主要利用对象。髓是位于树干中心的直径很小的柔软组织，强度低，易开裂。髓的颜色、形状、大小、质地等因树种不同而有所差异，可据此识别各种木材。

从不同的方向锯切木材，可以得到不同的切面，即木材的三切面，包括横切面、径切面和弦切面，如图7-2所示。横切面即树干的端面或横断面。木材在横切面上硬度大、耐磨损，但易折断、难刨削，加工后不易获得光洁表面。径切面是沿着树木生长方向、通过髓心并与年轮垂直锯开的切面。径切面上木材纹理呈条状且相互平行，径切板材收缩小，不易翘曲，木材挺直、牢固。弦切面是沿着树木生长方向，不通过髓心锯开的切面。弦切面上形成山峰或V字形花纹纹理，美观度好，但易翘曲变形。

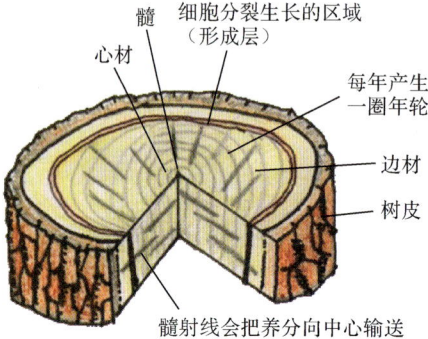

图 7-1　树干的结构

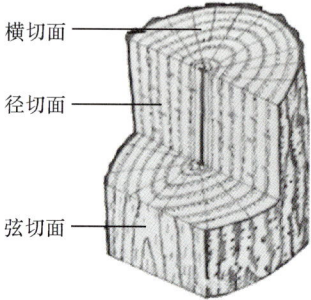

图 7-2　木材的三切面

7.1.2　木材的分类

1．按照材质分为软木材和硬木材

木材的硬度主要与密度相关，密度大则硬度高。除此之外，木材的硬度还与木材构造有关。木材硬度越大越耐磨，但不易刨切加工。

木材的横切面硬度最大，弦切面和径切面的硬度一般相差不大，有些树种弦切面硬度比径切面略大。

2．按照树叶外观形状分为针叶树材和阔叶树材

针叶树材一般树干高大，纹理通直，属于软木材，易加工，易干燥，开裂和变形较小，适合做结构用材，多用于承重。银杏和松、杉类（如云杉和冷杉等）是针叶树材。并非所有针叶树材的材质都软。

阔叶树材质地坚硬，强度高，属于硬木材，纹理色泽美观，适合做装修用材，如柞木、水曲柳、香樟、檫木、桦木、楠木、杨木、紫檀、黄花梨等都是阔叶树材。但是，并非所有阔叶树材都是硬度高的木材，如泡桐就是软木。

7.2 木材的性能

木材作为天然资源，在自然界中蓄积量大，分布广，取材方便。木材除以其美丽斑斓的自然色彩装扮世界外，还以其独特的性能造福人类。

7.2.1 木材的优点

1. 密度小
木材由疏松多孔的纤维素、半纤维素和木质素构成，密度小，一般为 $0.2 \sim 1.1 \text{ g/cm}^3$。

2. 天然色泽和美丽花纹
木材多呈淡玫瑰色、浅黄色、深红褐色等暖色。根据年轮和木纹方向的不同，木材还会具有各种粗细直曲不同的纹理，经过旋切、刨切后能够拼接出种类繁多的花纹。

3. 吸湿性
木材由许多长管状细胞组成，在一定条件下具有吸湿性，表面不易出现结露现象。同时，木材的纤维结构及细胞内有空气，受温度变化的影响不明显，热膨胀系数很低。

4. 可塑性
在常规条件下，木材可塑程度很低。木材在蒸煮后可以切片，在热压下可以进行弯曲变形。

5. 易加工和涂饰
木材易进行锯、刨、切、钻等加工。木材的管状细胞易吸湿受潮，对涂料的附着力强，易于着色和涂饰。

6. 良好的电绝缘性
木材几乎不含导电性良好的自由电子，电导率小，是良好的电绝缘材料。但是，随着含水率的增加，木材的电导率会急剧上升，变成导体。

7. 热学性能
木材含有很少的自由电子，不能形成流畅的热传导。同时，木材具有多孔性，在空隙中充满空气，空气在空隙间不能自由对流。所以，木材的导热系数很小，是热的不良导体。在实际生产中，木材常用于建筑保温、隔热材料，以及炊具把手等。

8. 声学性能
木材具有优良的振动特性和声学性能，可用于制造乐器。用于制造乐器的木材，通常选择密度小的针叶树材，如云杉。

除此之外，木材还有其他优点。木材取于自然，绿色环保，即使废弃也不会对自然产生危害。木材经济实惠，来源丰富，而且加工过程的能耗也小。木材施工简易，现在基本是工厂预制，现场装配，施工难度很低，而且装配速度明显快于混凝土和砖石结构建筑。木材还有助于抗震防灾，榫卯结构可使建筑结构在一定程度上减弱地震波的影响。另外，木质结构在坍塌时的破坏力也更小一些，但不能抗拒地震引起的火灾。

7.2.2 木材的缺陷

木材具有以下缺陷。

1．易变形开裂、易燃

木材有干缩湿胀的特点，在干燥、加工及使用过程中容易引起构件尺寸、形状和强度等方面的变化，发生翘曲、扭曲、开裂等。木材燃点低，应该进行防火处理。

2．各向异性

木材具有各向异性的特点，纵向（竖纹）强度大，横向（横纹）强度低。木材的强度因树种而异，即使同一树种的木材，因产地、生长条件和部位不同，其物理、化学性质差别很大。

3．其他缺陷

木材有一定的天然缺陷，如木节、斜纹理，以及因生长应力或自然损伤形成的缺陷，或者在加工过程中形成的锯口伤。木材还可能有腐朽、变色和虫蛀等问题。

7.3 产品设计中常用的木材

7.3.1 常见树种

1．红木

红木是名贵木材的统称，生长于热带及亚热带地区。红木生长缓慢，材质较硬、花纹美观。下面是一些常见红木种类。

（1）紫檀木。

紫檀木主要产于亚热带地区，如印度尼西亚、缅甸等东南亚地区，我国云南、广东、广西等地也有出产。柴檀木呈紫红褐色，有光泽，纹理交错，有香气，结构致密，硬度大，耐腐蚀。

（2）黄花梨。

黄花梨是我国特有珍稀树种。黄花梨木材有光泽，颜色分布从浅黄到紫红，纹理或隐或现，精美生动，结构均匀细致，强度高，耐腐蚀。

（3）花梨木。

花梨木主要产于东南亚，以及南美洲、非洲，我国南方地区引种栽培。花梨木的颜色由浅黄色至暗红褐色，有深色条纹，有光泽和香气，结构细致均匀，强度高。

（4）酸枝木。

酸枝木主要产地为东南亚国家，有光泽，纹理斜或交错，密度较高，坚硬耐磨。酸枝木大体分为三种——黑酸枝、红酸枝和白酸枝，共同特性是在加工过程中发出一股食用醋的酸香味道，因此称为酸枝木。

（5）鸡翅木。

鸡翅木主要产地为东南亚和非洲，因为有类似鸡翅的纹理而得名。鸡翅木的边材为灰白色，心材为淡黄红色，暴露在空气中时间久了就会变为紫红色。鸡翅木纹理交错，花纹美观，材质坚硬耐久。

2. 橡木

橡木的心材呈黄褐色至红褐色，年轮明显，略成波状，具有比较鲜明的山形木纹，触摸表面有良好的质感。

橡木质地较硬，可用于造船。图 7-3 所示的船的龙骨用橡木制造。橡木是高端家具常见材料。市场上的橡木大致分为红橡木与白橡木两大类，白橡木相对更优。白橡木拥有优异的防腐、防虫特性，防水性更好。白橡木中的酸性物质能够中和葡萄酒中的涩味，令葡萄酒的口感更好，因此储藏葡萄酒的酒桶通常用白橡木制造。图 7-4 所示为白橡木葡萄酒桶。

图 7-3　橡木龙骨

图 7-4　白橡木葡萄酒桶

3. 橡胶木

橡胶树，如图 7-5 所示。橡胶树是天然乳胶的原料。橡胶木呈浅黄褐色，年轮明显，纹理均匀，硬度中等。橡胶木的胶黏和涂装性能较好，缺点是有异味。橡胶木含糖分多，易变色、腐朽和虫蛀，不易干燥，易开裂和弯曲变形。

4. 水曲柳

水曲柳主要产于我国东北、华北等地，心材呈灰褐色，边材呈黄白色，年轮明显但不均匀，纹理通直，花纹美丽，有光泽，硬度较大。水曲

图 7-5　橡胶树

柳的弹性和韧性较好，耐磨，切面光滑，涂装、胶黏性能好，但干燥性能不好，易翘曲。

5. 柞木

柞木生长缓慢，生长周期长，优质树种较少。柞木呈浅杏黄色或褐红色，质重而硬，耐磨损，

涂饰性能良好，对胶接要求很高，接缝容易开裂，加工难度大，存在较多加工缺陷。柞木常用于家庭装修、家具制作。图7-6所示为柞木家具。

6. 胡桃木

胡桃木是优质木材。国产的胡桃木颜色较浅，硬度中等，纤维结构细而均匀，耐腐耐久，有较强的韧性，易加工，少变形，易胶合。进口胡桃木以美国黑胡桃木最为名贵。黑胡桃木呈浅黑褐色，带有紫色，弦切面为美丽的大抛物线花纹，价格较为昂贵，用于家具通常作为线条、饰面板，极少用实木。黑胡桃木，如图7-7所示。

图7-6　柞木家具

图7-7　黑胡桃木

胡桃木纹理美观，与花梨木非常相似。胡桃木在清代常用于皇室家具，如今成为高档家具的首选。

7. 樱桃木

樱桃木为浅红褐色，纹理雅致，弦切面为中等抛物线花纹，间有小圈纹，是高档木材，做家具通常用木皮，很少用实木。

8. 枫木

枫木包括软枫木和硬枫木两种，属于温带木材。枫木呈灰褐色或灰红色，年轮不明显，纹理细密通直，花纹美观。枫木的油漆涂装性能好，胶合性强，可用于装饰性木皮。

9. 铁力木

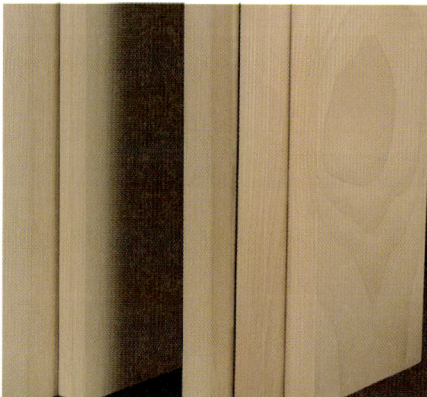

图7-8　榉木

铁力木树木高大，木质坚硬耐久，心材为暗红色，色泽及纹理略似鸡翅木，质糙纹粗。铁力木在热带多用于建筑，经久耐用。铁力木花油和树汁液可作为化妆品或日用化工的调香原料。铁力木种仁富含油脂，可用于制造肥皂。因此，铁力木是物美价廉的经济树种。

10. 榉木

榉木，如图7-8所示。榉木的心材呈浅红褐色，边材颜色略浅，材质坚硬，耐腐耐磨，不易变形，木材纹理通直，色调柔和，有美丽的花纹，如山峦重叠，被木工称为"宝塔纹"。榉木常用于家庭装修、制作家具等。

11．香樟木

香樟木产于我国南方诸省。香樟木木质细密，花纹美观，质地坚韧，不易开裂，还有一种类似樟脑的香味，防霉防蛀，特别适合制作衣箱、书箱。樟木也用于制造桌椅几案类家具。

12．楠木

楠木的品种很多，较为常见的有小叶楠、金丝楠、水楠等。其中，金丝楠的木纹里有金丝，是楠木中最好的一种。

楠木色泽淡雅，伸缩变形小，易加工，耐腐耐蛀，有幽香。现存上乘古建筑和家具多为楠木建造。楠木通常与紫檀木配合使用。

13．椴木

椴木的边材呈白色，心材颜色略深，呈浅棕色。椴木纹理均匀，质地较软，机械加工性良好，容易用手工工具加工，用钉子、胶水固定性能较好，经砂磨、染色及抛光可以获得良好的平滑表面，是上乘的雕刻材料。

14．桦木

桦木，如图 7-9 所示。桦木产于我国东北和华北，色泽淡白微黄，木质细腻，硬度中等，加工性能好，油漆涂装和胶合性能好。桦木花纹明晰，切面光滑平整。桦木物美价廉，常用于制造家具、农具与家居用品。

图 7-9　桦木

15．柚木

柚木，如图 7-10 所示。柚木又称胭脂树、紫柚木、血树等，热带树种，主要产于我国南部省份，以及缅甸、泰国、印度、老挝等国家，以缅甸野生柚木最为著名。

图 7-10　柚木

柚木的心材通常为金棕色，有时是灰色和红色；边材一般为浅黄色，与心材明显不同。柚木纹理致密，线条优美，纤维厚实。

柚木是为数不多的内含天然树脂的树种，可以防水，不易翘曲变形、开裂或变脆。柚木耐腐性强，其天然树脂可以驱除虫蚁。

柚木常用于制造高档家具、地板、露天建筑、工艺品等，也用于造船，特别适合制造甲板。柚木被认为是传统甲板用材的典范，因为柚木可以承受海水侵蚀和烈日暴晒而不会破裂或翘曲。柚木的耐候性极佳，尺寸稳定性好，随环境温度变化很小。柚木地板既可以铺装在气候潮湿的地区，也可以铺装在气候干燥的地区。

7.3.2 产品设计中常用的木材种类

1．原木

原木是伐倒的树干经过去枝、去皮后按照规格锯成的具有一定长度的木材，如图7-11所示。

原木分为直接使用的原木和加工使用的原木。前者用作电杆、桩木、坑木及建筑用木，要求具有一定的长度和高强度。后者是按照一定规格尺寸锯割后的原木，又称为锯材。锯材按照宽度和厚度的比例关系可以分为板材、方材和薄木。

图 7-11　原木

2．人造板材

人造板材是以原木、刨花、木屑、废材及其他植物纤维为原料，经过机械或化学处理制成的板材。

常见的人造板材有胶合板、刨花板、纤维板、细木工板等，被广泛用于家具、建筑、车船等领域。

（1）胶合板（结构用木材）。

胶合板是用三层或多层（奇数层）刨制或旋切的单板涂胶后经过热压制成的人造板材。根据厚度不同，胶合板分为很多种类，常见的有三合板和五合板。

胶合板各单板之间的纤维方向互相垂直，或形成一定角度，克服了木材的各向异性缺陷。胶合板幅面大，平整美观，不易开裂，不易翘曲，并有一定的隔音、隔火性和阻隔潮湿空气的特点，常用于制造大面积的板状部件，如家具装饰板、船舶和车辆内饰、建筑装修用材。胶合板还用于运动器械，如枫木层板胶合板用于制造滑板。

胶合板能够提高木材利用率，是节约木材的一个主要途径。

（2）刨花板。

刨花板，如图 7-12 所示。刨花板是以木质刨花或碎木屑为主要原料，加胶合剂热压而成的人造板材，又称颗粒板。

刨花板幅面大，平整，隔热和隔音性能好，纵截面强度一致，结构均匀，加工方便，表面可有多种贴面和装饰，可作为板式家具的主要材料，还可用于吸音和保温隔热材料。刨花板的缺点是强度较低，易吸湿，因此在储存和使用时要注意封边。此外，刨花板质量偏大，握钉力也较差。

刨花板有多种分类方法，按照密度分为低密度、中密度、高密度刨花板；按照结构分为覆面（在其表面胶结一层或两层单板或薄膜等，以增加其美观和强度）和不覆面刨花板两种；按照使用的胶合剂分为耐水和不耐水刨花板两种。

图 7-12　刨花板

（3）纤维板。

纤维板又名密度板，是以木料加工的废料、木质纤维或其他植物素纤维为原料，施加脲醛树脂或其他适用的胶黏剂，经过原料处理、成型、热压等工序制成的人造板。纤维板是木材资源综合利用的有效途径。纤维板材质均匀，各向强度一致，不易胀缩开裂，隔热吸音，加工性能良好。

纤维板按照密度分为硬质纤维板、中密度纤维板、软质纤维板。硬质纤维板的密度大于 0.8 g/cm³，坚韧密实，用于制造家具、车船、包装箱，以及进行室内装修；中密度纤维板可用于制造家具；软质纤维板的密度小于 0.5 g/cm³，轻质多孔，用于隔热吸音材料。

（4）细木工板。

细木工板，如图 7-13 所示。细木工板俗称大芯板、木芯板、木工板，是由两片单板中间粘压拼接木板而成的板材。按照板芯结构，细木工板可以分为实心和空心两种。细木工板坚固耐用，板面平整，结构稳定，不易变形，是良好的结构材料，常用于制造家具、门窗、隔断、展板等。

图 7-13　细木工板

3．合成木材

合成木材又称钙塑材料，是主要由无机钙盐（如碳酸钙）和有机树脂（聚烯烃类）组成的一种复合材料，兼有木材、纸张、塑料的特点，在本质上是一种硬质发泡塑料。合成木材具有物性均一、密度小、吸湿性小、尺寸稳定、耐腐蚀、耐虫蛀、着色容易等优点，可以用各种木材加工方法加工，常用于制造家具、工具、建材用具等。合成木材因为质地轻软、保温、隔热、隔音、缓冲性能好，所以可以代替木材做墙板、地板、天花板，用于车船内外装修，以及做隔热、隔音材料。

7.4 木材加工工艺

木材加工是将木材原材料利用手工工具或机械设备加工成构件，并将其组装成制品，再经过表面处理，最后形成一件完整的木制品的工艺过程。

据史料记载，春秋末期至秦汉，我国出现了墨斗、角尺、凿子等木材加工工具，初步形成简单的木材加工技术；唐宋之后，木材加工技术发展较快，人们用锯开、气干、拼合、包封等较复杂的技术处理木材，并采取蒸煮、干燥、加楔和留缝等方法提高木结构的稳定性；明清时期，木材加工技术走向成熟，明清木制家具以精巧的结构闻名于世。

欧洲的木材加工在18世纪以前基本停留在手工阶段。18世纪，法国发明单板旋切机和刨切机。19世纪中叶，德国出现胶合板工厂。20世纪20年代初，人造木板成为一种新型工业门类。20世纪40年代，木材加工进入综合利用阶段，60—70年代随着市场需求的不断增加，木材传统结构转向板式结构，木材加工综合技术趋于成熟。

现代木材加工是采用基础木材学，应用物理学、化学、生物学、热工学、声学及机械工程学等原理对木材原料进行加工的系统性活动。

7.4.1 木材的加工工艺路线

在加工木制品之前，应该根据其形状、尺寸、材料、加工精度和批量等要求，合理选择加工方法，拟定工艺路线。木材的加工工艺路线，如图7-14所示。

1．配料

配料阶段主要是将各种锯材或人造板材锯切成一定尺寸的毛料。配料时，应该根据不同的要求选择合适的木料。例如，受力大的部位应该选择力学性能好的木料，暴露在外的部位应该选择表面没有缺陷或缺陷少的木料。

2．加工

（1）加工毛料。

加工毛料一般是加工毛料外表面，截去端头，获得基本构件。

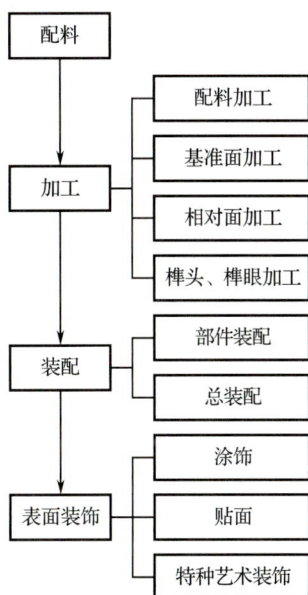

图 7-14　木材的加工工艺路线

（2）加工基准面和相对面。

为了使构件拥有正确的形状和尺寸，并保证后续工序定位准确，必须对构件基准面进行加工，作为后续加工的尺寸基准。木制品在装配时，一般是把基准面作为外露表面使用，因此要选择质量好的表面作为构件基准面。

（3）加工相对面。

构件基准面完成后，以基准面为基准，加工出构件的其他表面。

（4）开榫、钻孔、打榫眼、磨光等。

榫卯接合是木制结构最常用的接合方式，榫头和榫眼加工是构件加工的重要工序，其加工质量直接影响产品的强度和质量。

3．装配和表面装饰

构件加工之后，可以将其先装配成部件，再完成总装配，然后进行表面装饰。也可以先进行构件的表面装饰，再将其装配成木制品。

7.4.2　木制品的加工方法

木制品的加工方法主要是指木材的切削方法。为减少木材在加工和使用过程中的变形和开裂，往往还要对木材进行干燥处理。对于易腐朽的木材，还应该事先进行防腐处理。为使木材能够弯曲变形，还要对木材进行软化处理。下面主要讲木材的切削、防腐、防蛀和弯曲。

1．木材的切削

木材的切削有锯割、刨削、凿削、铣削、钻、砂磨等方法。锯割的工具主要是手工锯和锯割机床。木材经锯割后往往表面粗糙不平，因此必须刨削，以获得尺寸和形状准确、表面平整的构件。刨削工具主要是各种刨刀，包括木工刨和刨削机床。图 7-15 所示为手工刨刀。木制品构件间接合的基本形式是框架榫卯结构，在木制品构件上开出榫眼，需要凿削，所用工具是各种凿子，包括木工凿和榫眼机床。

2．木材的防腐、防蛀

木材防腐、防蛀处理指的是用相应的药剂对木材进行涂刷、喷洒、浸泡等，防止真菌、昆虫、海生钻孔动物和其他生物体对木材的侵害，通常采用以下措施。

（1）使木结构、木制品等处于通风干燥状态，并对其表面涂覆油漆，隔绝空气和水分，使真菌无从生存。

（2）采用表面喷涂、浸渍、压力渗透等方法，将化学防腐剂注入木材，使真菌无法寄生。

防腐木可用于室外景观、码头木栈道、广场座椅等。图 7-16 所示的木栈道用防腐木铺设。

图 7-15　手工刨刀

图 7-16　防腐木用于铺设栈道

3．木材的弯曲

通过加压的方法把木材压制成各种曲线形零部件的方法称为木材的弯曲。木材的弯曲可以使木制件具有线条流畅、形态美观、强度高、材料利用率高等优点，并能保留木材丰富的天然纹理和色泽。

但是，并不是所有木材都适合弯曲，应该选择合适的木材。硬阔叶树材的弯曲性能好于针叶树材和软阔叶树材；幼龄树材好于老龄树材；边材好于心材。

木材在弯曲加工之前应该进行软化，以增加木材的塑性。木材的软化方法主要有水热处理（蒸煮法）、微波加热、化学药剂处理等方法。

软化的木材在模具作用下加压弯曲成要求的形状，随后进行干燥定型，即可得到弯曲的制品。

7.4.3　木制品的装配

木制品的装配指的是按照木制品的设计图纸和技术条件，使用手工工具或机械设备，将木制构件接合成部件，或将木制构件和部件接合成完整木制产品的过程。前者称为部件装配，后者称为总装配。

木制品常见的接合方式有榫接合、钉接合、连接件接合、胶接合等。

1. 榫接合

榫接合是将榫头压入榫槽或榫眼内，把两个部件连接在一起的接合方式，通常需要胶黏剂增加强度，通孔装配后可加木楔，达到配合紧实的目的。表 7-1 是榫接合的常见形式。

表 7-1 榫接合的常见形式

名 称		简 图	说 明
榫头及其各部分的名称			1. 榫端；2. 榫颊；3. 榫肩；4. 榫眼；5. 榫槽
榫接合常见形式	按照榫头形状区分	直榫　斜榫　燕尾榫	直榫应用广泛，斜榫很少采用，燕尾榫比较牢固
	按照榫槽顶面是否开口区分	开口榫　闭口榫　半闭口榫	直角开口榫强度高，但影响美观；闭口榫一般用于受力较小的部位；半闭口榫应用较广泛
	按照榫头贯通与否区分	明榫　暗榫	明榫榫眼穿开，榫头贯通结实、牢固，应用广泛；暗榫外表美观，但连接强度较差
	按照榫头多少区分	单榫　双榫　多榫	一般框架多用单榫、双榫，箱柜或木抽屉常用多榫

2. 钉接合

钉接合是木构件中最简单、操作最方便的一种接合形式，如图 7-17 所示。钉接合适合制品内部的接合处，以及外形要求不高的部位，接合强度小，而且容易损坏木材。钉接合常与胶黏剂配合使用，以提高接合强度。常用钉有金属钉、竹钉、木钉三种，金属钉最为常见。

3. 连接件接合

木制品连接件有很多形式，如悬挂式连接件、偏心连接件、铰链、螺钉、螺栓等。图 7-18 所示为螺栓接合。螺栓连接常用于受力较大的部位，可将两三个或更多的木制品部件连接到一起。

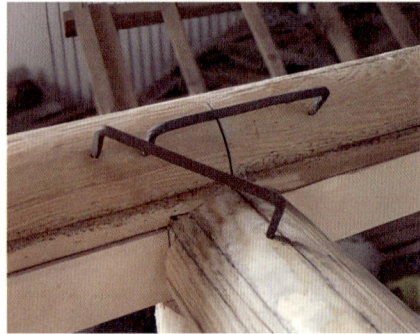

（a）金属钉接合　　　　　　　（b）扒钉接合，常用于屋架等铰接处

图 7-17　常见的钉接合形式

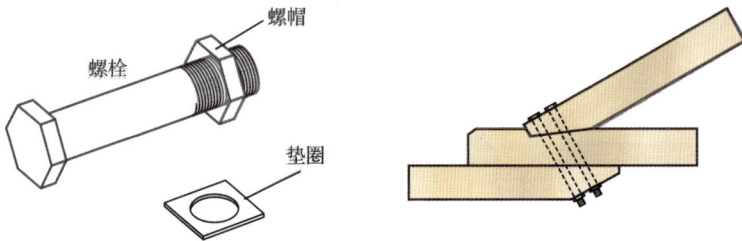

螺帽

螺栓

垫圈

图 7-18　螺栓接合

4. 胶接合

胶接合主要用于实木板的拼接，以及榫头和榫眼的接合，如常见的短料接长、窄料拼宽，还有塑料贴面板的胶贴等。胶接合的特点是制作简便，结构牢靠，外形美观，可以节约木材。胶接合使用的胶黏剂有鱼鳔胶、骨胶、聚醋酸乙烯酯乳胶液等。其中，聚醋酸乙烯酯乳胶液俗称乳白胶，其优点是使用方便，无须加热，不易燃，无腐蚀性，对人体无刺激作用，黏合强度较高，但耐水性和耐热性较差。

5. 板面拼合

较宽幅面的板材经常采用实木板拼接而成。拼接实木板时，为减少拼接后的翘曲变形，尽可能选用材质相近的板材，使用胶黏剂或同时使用榫、槽、钉、销等结构，拼接成具有一定强度的较宽幅面的板材。

板面拼合方式有多种，图 7-19 所示为常见的穿条拼接和穿板拼接。此外，板面拼合还有平接、裁口拼接、齿形拼接等。在设计和生产时，应该根据木制品的结构要求、受力形式、胶黏剂种类，以及加工工艺条件等选择合适的拼合方式。

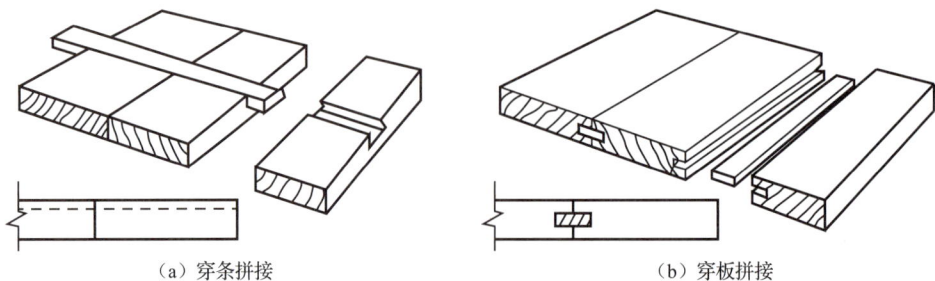

（a）穿条拼接　　　　　　　　　　　　（b）穿板拼接

图 7-19　板面拼合

7.4.4　木制品的表面装饰

木制品表面装饰的目的主要是起保护和美化作用。木制品表面覆盖一层具有一定硬度和耐水、耐候等性能的膜状保护层，可以避免或减弱阳光、水汽、化学物质、虫菌或外力等的影响，防止翘曲、磨损、变形等，延长使用寿命。表面装饰还可以赋予木制品一定的光泽、纹理、图案等令人赏心悦目的质感，带给使用者良好的体验。

木制品的装饰方法主要包括涂饰、贴面和艺术装饰。

1．涂饰

涂饰是按照一定工艺程序，将涂料涂于木制品表面，形成膜层。在涂饰前，应该预先对木制品进行表面处理，如去除毛刺、清除油脂等，随后进行底层涂饰和面层涂饰。面层涂饰一般分为透明涂饰和不透明涂饰。图 7-20 所示为表面采用多色涂饰的木椅。

图 7-20　表面采用多色涂饰的木椅

2．贴面

贴面是将片状或膜状的饰面材料，如刨切薄片、装饰纸、浸渍纸、装饰板和塑料薄膜等粘贴在木制品表面进行装饰。贴面具有保护和美化人造板表面的作用，并由此扩大了人造板的使用范围。生产中常用的贴面方法有单板（薄木）贴面、塑料贴面板（三聚氰胺装饰板）贴面、印刷装饰纸贴面、聚氯乙烯薄膜贴面等。其中塑料贴面板又叫装饰防火板，是将底层纸、装饰纸等用酚醛树脂及三聚氰胺树脂浸泡后，经干燥后粘贴到各种人造板上热压后形成的，具有硬度大、耐磨、耐烫、耐蚀、防火、图案逼真、表面光洁等特点，用于室内装饰、家具、厨柜、实验室台面、外墙等领域。图 7-21 所示为贴面刨花板。

3．艺术装饰

艺术装饰包括雕刻、压花、镶嵌、烙花、喷砂、贴金等工艺。

图 7-22 所示为红木浮雕笔筒,造型古朴典雅。笔筒不上色,体现了红木特有的视觉质感美。

图 7-21　贴面刨花板

图 7-22　红木浮雕笔筒

7.5 木材的节约代用

随着社会发展和人口增加，对木材的需求与日俱增。但是，我国森林资源少，国内木材可供采伐量有限，发展植树造林又需要占用大量土地和水利资源，进口木材也受到世界森林资源和外汇支付能力的制约。因此，发展木材的节约代用十分必要。

7.5.1 瓦楞纸板和蜂窝纸板

1. 瓦楞纸板

瓦楞纸板又称波纹纸板，是由至少一层瓦楞纸和一层箱板纸（也叫箱纸板）黏合而成的波浪型结构的材料，可以多层复合，也可以制成瓦楞纸箱。瓦楞纸板有显著的优点，原料来源广泛，价格低廉，具有密度小、减振缓冲、防潮散热、易于实现包装与运输的机械化和自动化、易于搬运、表面易于印刷、可以回收等优点。随着多层纸板技术的完善，用 7 层或 11 层瓦楞纸板制作的纸箱已经取代木箱，成为机电、烤烟、家具、摩托车、大型家电等多种物品的代木包装。

图 7-23 所示为瓦楞纸板结构和用瓦楞纸板制作的玩具摇马。图 7-24 所示为用瓦楞纸板制作的椅子、脚踏和茶几。该设计的特点是拆卸组装都很方便，而且节省空间。用瓦楞纸板制作的小凳采用扁平化设计，易于运输和组装。

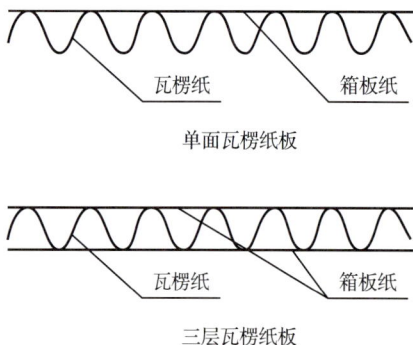

单面瓦楞纸板

三层瓦楞纸板

图 7-23 瓦楞纸板结构和用瓦楞纸板制作的玩具摇马

图 7-24 瓦楞纸板制品

2．蜂窝纸板

蜂窝纸板是由高强度蜂窝纸芯和高强度牛皮纸复合而成的新型夹层材料，如图 7-25 所示。蜂窝纸板具有质量轻、成本低、用料少、吸声、隔热、强度高、抗冲击性好、环保节能等优点，符合国际包装工业材料应用发展的趋势。

蜂窝纸板是源于仿生学的一种超轻型复合结构，最早用于航空航天领域，由西方发达国家较早开发和应用，至今已经有 50 多年的历史。蜂窝纸板作为一种新型包装材料，目前被广泛用于家具、机械零件、建筑、交通、陶瓷、电器等工业产品的缓冲包装。

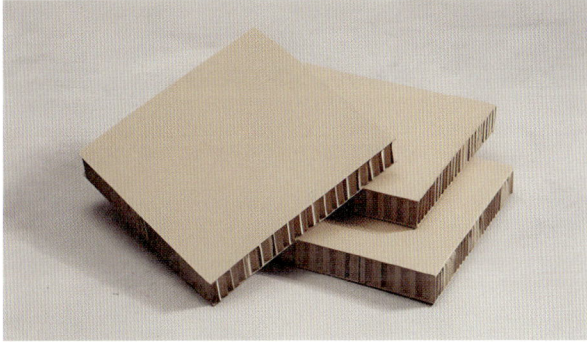

图 7-25　蜂窝纸板

7.5.2　竹材

竹材是位居木材之后的第二大森林资源。竹子形态特殊，中空，外直，有节，如图 7-26 所示。竹材纹理通直，色泽淡雅，材质坚韧。竹类植物资源丰富，四季常青，生命力强，生长周期短，经济价值高，是很有发展前途的代木材料。竹材胶合板、竹材纤维板、竹材碎料板等竹制材料被广泛用于建筑、纺织、造纸、交通、农业、包装等领域。

图 7-26　竹子

1. 竹子的种类

在世界范围内，竹子有 70 多属，我国约有 40 余属。常见的竹子有毛竹、苦竹和淡竹。毛竹又称江南竹，产量很大，占竹材总产量的一半以上，用途极广，最具有经济价值。苦竹又称刚竹、台竹。淡竹竹质坚韧致密，易于劈细，可作为上等工艺品的原料。

2. 竹子的结构与性能

竹材主要指的是竹的地上茎部（竹竿），从外到内由竹皮（俗称竹青）、竹肉（包括纤维管束和基本组织）和髓组成。其中，竹青部分质地坚韧，组织致密，其强度高于木材；越靠近髓，强度越低。

（1）化学成分。

竹材跟木材一样，是天然高分子聚合物，主要由纤维素、木质素和半纤维素构成。

（2）物理性能。

竹材的密度为 0.4 ~ 0.9 g/cm^3。竹材有较高的含水率，在干燥过程中易翘曲和开裂，在较高温度和较高湿度的环境中易发霉变色，从而大大降低强度，因此耐久性不如木材。

（3）力学性能。

竹材的力学性能与竹子的种类、竹龄、部位、生长条件等有关，因此力学性能并不稳定。与木材相比，竹材具有韧性强、易纵向剖开、纤维细长等优点。竹材的顺纹抗拉强度和顺纹抗压强度高于一般木材。

3. 竹材在产品设计中的应用

竹子在传统上具有"虚心接受、高风亮节、坚忍不拔、风度潇洒"的君子之称，蕴含特殊的人文价值和工艺价值，自古受到人们的喜爱。古人写字使用竹简，文人墨客经常咏竹、画竹。例如，苏轼曾经写诗"宁可食无肉，不可居无竹"。董必武也曾经写过关于竹的诗句："竹叶青青不肯黄，枝条楚楚耐严霜。昭苏万物春风里，更有笋尖出土忙。"

竹子具有很高的建筑价值和环保价值。竹子四季常青，具有很好的截流降水、涵养水源、保持水土等功能，具有改善居家周边生态环境的特点。同时，竹材绿色环保，3 ~ 4 年就可成材，而且砍伐后还可以再生。我国天然林存量较低，但竹材资源丰富，所以竹材是优质的代木材料。

竹材家具符合人性化设计要求。人性化设计是在设计中对人的心理、生理需求和精神追求的尊重和满足，是设计中的人文关怀，是对人性的尊重。在数字化的今天，家具设计考虑的不仅是使用的方便和舒适，还要考虑赋予产品生命。竹子高风亮节、虚心向上，被视为人格境界的理想化身。竹子笔直的线条和中空的结构具有深刻的象征含义。这些都使竹材家具具有独特的文化内涵。当今，人们强调回归人性、回归自然、回归艺术本体，竹材家具以其独特的天然气质吻合当代人追求文化品位和审美趣味的设计潮流。

现代设计除注重产品的使用功能之外，还注重使用者的心理需求和时尚高雅品位，不少设计师关注竹子在设计上的应用。

图 7-27 所示的竹制筷子，充分利用了竹节的凸起部位，竹制碗筷保留了竹子本身的色泽和纹路，既实用又漂亮；竹制茶盘清雅简洁，搭配古朴的紫砂茶具，营造出和谐自然的美感。

图 7-27　竹制品

7.6　木材在产品设计中的应用

木材取材于自然，性能优良，易于加工，是优良的造型材料，其自然朴素的特性令人产生亲切感，被认为是最适合人性的材料，在现代设计中具有重要地位。

7.6.1　木材在产品设计中的特点

1．木材的感觉特性

色彩是决定人们对木材印象最重要的因素，是设计中最生动、最重要的因素。木材具有较广泛的色相，但主要是以黄、橙、红为主的暖色。浅色系列，如云杉、冷杉、白柳桉等木材，明度越高，明快、华丽、整洁、高雅的感觉越强；深色系列，如乌木、紫檀木、樱桃木、铁力木等明度低的木材给人素雅、厚重、沉静的感觉。

木材有天然的年轮印记，记载着木材与自然的对话记录。木材因年轮和木纹方向的不同而形成各种粗、细、直、曲形状的纹理，经过旋切、刨切等加工还能形成种类繁多的花纹，如同心圆、平行线、抛物线等，在规律中带着自然和写意，体现出造型艺术的变化与统一，具有优美、亲切、自然的视觉质感。针叶树的木纹精细，适用于与纸、塑料等软性材料组合；阔叶树的木纹富于变化，具有动态美，材质硬，适合与石材、金属等组合，以发挥其特性。

木材中经常出现的一些结疤，如节子、树瘤等，也具有一定的美感，更加增添了木材表面纹理的偶然性，增加了材质的情趣感。

木材给人温暖亲切的感觉，这与木材的光泽特性及触觉质感都有关系。木材在受到光的照射时，会产生较为柔和的光泽，而且能够反射红外线，让人产生温暖的感觉。另外，木材是多孔性材料，导热系数低，触感较为温暖。

2．木材选用条件

根据产品造型设计要求和部件的不同，在木材的选用上要考虑以下技术条件。

（1）外观。

木材有美丽的自然纹理。

（2）力学性能。

木材有一定的强度及韧性，材质细致。

（3）物理性能。

木材干缩湿胀和翘曲变形小，有一定的耐候性和抗虫害能力。

（4）加工性能。

木材易加工，切削性能、弯曲性能，以及胶合、着色及涂饰性能较好。

7.6.2　木材应用实例

木材被广泛用于家具、灯具、电子、运动、时尚等领域。

图 7-28 所示为枫木滑板。枫木有漂亮的纹理，染色工艺可以强调这一特点，增加其装饰性，不仅突出表面的纹理，还使整个木料的色彩更加一致。

图 7-29 所示为电镀木头。木材电镀技术可以使木材更加美观，提升木制品的表面装饰效果，增强防腐性能，增加硬度，保护材料。通过采用这种技术手段，木材的产品价值可以成倍增长。

图 7-30 所示为 2015 年米兰世博会中国馆，屋顶用木材和竹材建造，具有良好的透光性，将自然采光引入室内，降低能源消耗。

图 7-31 所示为用榉木胶合板作为材料制作的椅子。榉木胶合板表面进行了砂磨和抛光，以获得平滑的表面。光滑的榉木胶合板涂上黑漆之后，在光线的照射下呈现出亚光效果，给人的感觉比较细腻。

图 7-28　枫木滑板

图 7-29　电镀木头

图 7-30　2015 年米兰世博会中国馆

图 7-31　榉木胶合板椅子

柚木色泽雅致，纹理美观，耐腐、耐磨，耐候性好，非常适用于室内外装修、船甲板、建筑物等。图 7-32 所示为缅甸阿玛拉普拉古城的一座柚木古桥，经年累月坚固不腐。图 7-33 所示为全部用柚木建造的泰国云天宫殿。图 7-34 所示为柚木船甲板。

图 7-32　缅甸柚木古桥

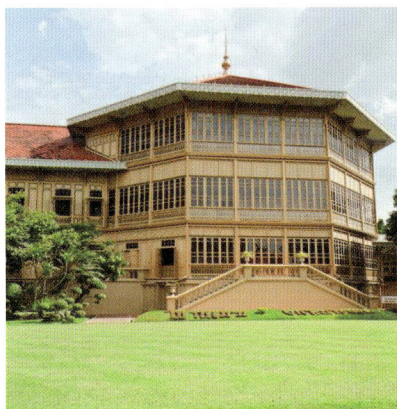

图 7-33　泰国云天宫殿

图 7-34　柚木船甲板

现代门窗材料经历数次改变，从木材到钢材，再到铝合金和塑钢，现在较为广泛地采用铝包木门窗材料。铝包木门窗是在木材之外包了一层断桥铝合金，断桥铝合金在室外，木材在室内，如图 7-35 所示。断桥铝合金是用尼龙将两层铝合金既隔开又连接在一起的一种新型型材，结合了尼龙和铝合金两者的优点，既易于加工，又隔热保温。铝包木门窗材料中的铝合金强度高，刚性好，耐腐蚀，时尚美观，适合面向室外；木材具有保温、调湿的功能，与室内家居装修采用的材质相似，十分协调，而且木材的天然纹理质感也使居室温馨自然，柔和宜人。

铝包木门窗具有保温节能的作用，在酷暑时可以阻挡室外的燥热空气，减少室内冷空气的散失，在寒冷的冬季也不会结冰和结露。铝包木门窗使门窗的密封性更强，可以有效地阻隔风沙侵袭，还能将噪声拒于窗外。

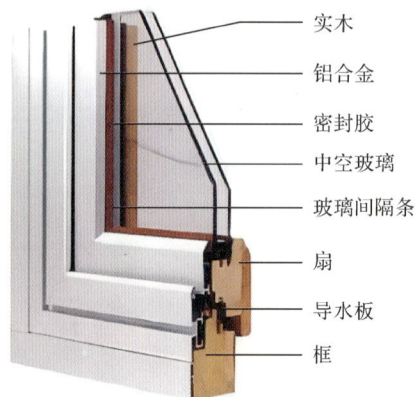

图 7-35　铝包木门窗

实木
铝合金
密封胶
中空玻璃
玻璃间隔条
扇
导水板
框

　　总之，在资源日益枯竭、提倡可持续发展的今天，木材以其特有的固碳、可再生、可自然降解、可调节室内环境等天然属性，以及比强度高和加工能耗小等特性，贡献社会，造福人类。人们选择木材作为建筑材料和造型材料，不仅是从成本、技术等角度出发，还有人文情怀。因此，木材在建筑及产品设计中的应用前景必然是广阔而灿烂的。

思考题

1. 在设计中常用的木材有哪些?
2. 简述木材节约代用的必要性，并说出木材的几种替代材料。
3. 木材有哪些基本特性?
4. 如何增加木材的防腐性能?
5. 木制品装配有哪些接合方式?
6. 将木材用于产品设计的主要优点是什么?

第 8 章
复合材料与工艺

　　航空航天、交通运输等工业的发展，对材料的性能提出了越来越高的要求，原来的金属、高分子、陶瓷等单一材料难以满足对强度、韧性、质量、耐磨、耐蚀等方面的要求，由此出现了一种新材料——复合材料。复合材料是将两种或两种以上成分不同、物理及化学性质不同的材料组合而成的一种新型多相固体材料。

　　复合材料以人工或天然的方式大量存在于自然界中，如木材是纤维素和木质素的天然复合材料，钢筋混凝土是钢筋、沙、石、水泥的人工复合材料，农村用作建材的土坯是用稻草与泥土制成的人工复合材料。

8.1　复合材料的分类和复合原则

8.1.1　复合材料的分类

　　复合材料种类繁多，有多种分类方法。

　　按照基体的不同，复合材料可以分为树脂基复合材料、金属基复合材料和陶瓷基复合材料等。

　　按照增强材料形态的不同，复合材料可以分为层叠复合材料、纤维增强复合材料、颗粒增强复合材料、短纤维（晶须）增强复合材料，如图 8-1 所示。

按照性能高低，复合材料可以分为常用复合材料和先进复合材料。其中先进复合材料是以碳、芳纶、陶瓷等材料的纤维和晶须等作为增强体，以高分子材料、金属、陶瓷和碳（石墨）等作为基体构成的高性能复合材料。

按照用途不同，复合材料可以分为结构复合材料和功能复合材料。结构复合材料以力学性能为主，主要用作承力结构，要求密度小、强度和刚度高，在某些特定条件下还要求膨胀系数低、绝缘性能好或耐蚀性强、耐高温等。功能复合材料是指除力学性能外还提供电、光、声、热、磁等功能的复合材料。

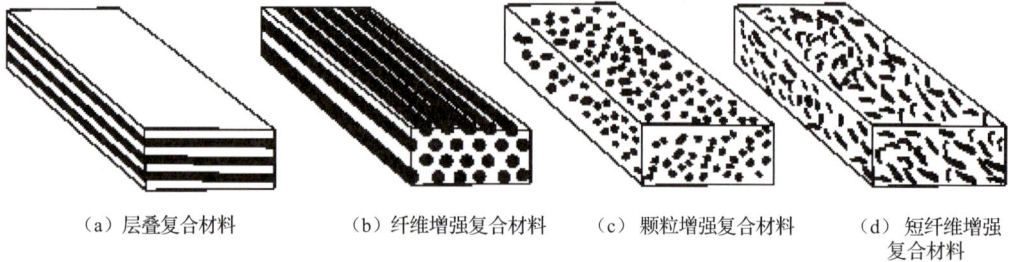

（a）层叠复合材料　　（b）纤维增强复合材料　　（c）颗粒增强复合材料　　（d）短纤维增强复合材料

图 8-1　不同复合材料结构示意图

8.1.2　复合材料的复合原则

复合材料包括基体和增强体两部分。基体是形成几何形状并起粘接作用的基本材料，如树脂、陶瓷、金属等；增强体是用于提高强度和韧性的材料，如纤维、颗粒、晶须等。图 8-2 所示为玻璃纤维和碳纤维。

用纤维做增强体的复合材料，纤维是主要承载体。因此，纤维应该具有比基体更高的强度和模量，而基体起黏结剂作用。基体对纤维应该具有一定润湿性，能把纤维有效结合起来。基体还应该具有一定塑性和韧性，以防裂纹扩展、保护纤维。基体和增强体的热膨胀系数不能相差过大，以免在热胀冷缩过程中削弱相互间的结合强度。

用颗粒做增强体的复合材料，基体承受载荷，颗粒的作用是阻碍分子链（基体是高分子）或位错（基体是金属）的运动，从而提高材料的力学性能。颗粒应该均匀分布在基体中，大小适当，体积分数一般在 20% 以上。基体与颗粒之间应该有一定的结合强度。

图 8-2　玻璃纤维和碳纤维

8.2 复合材料的性能

复合材料能够集中和发挥每种组元材料的优点，并能够实现最佳的结构设计，所以其性能优于组元材料的性能，具有许多优越的特性，在产品设计领域应用广泛。

1. 复合材料具有高比强度和比模量

比强度（强度与密度之比）越大，材料自重越小；比模量（弹性模量与密度之比）越大，材料的刚性越大。纤维增强复合材料的比强度和比模量是常用设计材料中最高的。复合材料与具有同等强度和刚度的金属相比，其自重可减轻 70%。表 8-1 是常用金属与纤维增强复合材料的性能比较，可见复合材料具有低密度、高比强度和高比模量，因此非常适用于轻量化构件。

表 8-1 常用金属与纤维增强复合材料的性能比较

材 料	密度 / g/cm³	抗拉强度 / 10^3 MPa	弹性模量 / 10^5 MPa	比强度 / 10^6 N·m/kg	比模量 / 10^6 N·m/kg
钢	7.8	1.03	2.1	0.13	27
铝	2.8	0.47	0.75	0.17	27
钛	4.5	0.96	1.14	0.21	25
玻璃钢	2.0	1.06	0.4	0.53	20
高强碳纤维 - 环氧树脂	1.45	1.5	1.4	1.03	97
高模碳纤维 - 环氧树脂	1.6	1.07	2.4	0.67	150
硼纤维 - 环氧树脂	2.1	1.38	2.1	0.66	100
有机纤维 PRO- 环氧树脂	1.4	1.4	0.8	1.0	57
碳化硅纤维 - 环氧树脂	2.2	1.09	1.02	0.5	46
硼纤维 - 铝	2.65	1.0	2.0	0.38	75

2. 复合材料抗疲劳性能好

基体和增强体的界面能够有效阻止疲劳裂纹扩展或改变裂纹的扩展方向，所以复合材料的抗疲劳性能好，具有较长的使用寿命。

例如，一般金属的疲劳强度为 $\sigma_{-1}=(0.4 \sim 0.5)\sigma_b$，而碳纤维增强复合材料的疲劳强度为 $\sigma_{-1}=(0.7 \sim 0.8)\sigma_b$。

3. 复合材料的破坏安全性好

复合材料不会像单一的金属或陶瓷等传统材料那样发生突然破坏，而是经历基体损伤、开裂、界面脱胶、纤维陆续断裂等过程，从而避免工件的突发性破坏，或在产品破坏时不会出现大面积的碎片爆破现象。

4. 复合材料具有更好的可设计性

设计师可以在设计结构的同时设计材料，在产品的不同部位和不同方向上选择不同的基体和增强体。通过选择基体和增强体的类型、数量及调整增强体在基体中的排列方式，可以获得性能不同的产品。

除此之外，复合材料中的增强体与基体之间的界面多，所以减振能力强，即使结构中有振动产生，也会很快衰减，可以避免在工作状态下产生共振及由此引起的破坏。

8.3 产品设计中常用的复合材料

8.3.1 树脂基复合材料

1. 玻璃纤维增强树脂

玻璃纤维增强树脂俗称玻璃钢，是以酚醛树脂、环氧树脂、不饱和聚酯树脂等热固性树脂，或者以聚酰胺、聚丙烯等热塑性树脂为基体，以玻璃纤维为增强材料的树脂基复合材料。

玻璃钢密度小（比铝还小），坚硬，比强度高，耐蚀、绝热和电绝缘性能良好，具有可设计性、工艺性好等优点，是重要的工业造型原料。玻璃钢也存在一些缺点，如耐热性较低，在紫外线、化学介质、机械应力等作用下易老化，导致性能下降。玻璃钢的弹性模量小于一般结构钢，因此产品结构刚性不足，易变形，可做成薄壳结构、夹层结构，或者通过高模量纤维、加强筋等方式来弥补。

玻璃钢应用非常广泛，可用于制造舰船部件、机器护罩、车辆车身、车辆内饰、耐蚀耐压容器、化工装置和管道等。

2. 碳纤维增强树脂

碳纤维是从20世纪60年代迅速发展起来的一种新型材料。碳纤维原料多为聚丙烯腈纤维，在一定条件下经碳化处理而成。碳化处理后的碳纤维的含碳量超过85%，有的含碳量接近100%。与玻璃纤维相比，碳纤维具有高强度、高模量、低密度的特点，因此具有更高的比强度和比模量，从而使工程结构的效率得以最大程度地发挥，被看成是航空航天器结构的理想材料，也是产品设计中轻质高强部件的首选材料。碳纤维可用来增强塑料、金属和陶瓷。

碳纤维增强树脂目前应用最常见的基体树脂是环氧树脂、酚醛树脂和聚四氟乙烯。其中碳纤维增强环氧树脂是最早开发并应用于飞机结构制造的复合材料。

8.3.2 陶瓷基复合材料

陶瓷硬度大，耐磨，化学稳定性好，熔点高，是优良的高温结构材料。但是，陶瓷塑韧性差，脆性大，不耐温度急剧变化，限制了它的应用。在陶瓷中加入纤维、晶须或颗粒等可以得到陶瓷基复合材料，有效改善陶瓷的性能，拓展其应用范围。

陶瓷基复合材料密度小、强度高、韧性好、硬度大，耐磨、耐蚀，目前主要用于制造高速切削刀具和内燃机部件，以及其他需要耐磨、耐蚀、耐高温的工作场合，如发动机部件、内燃机涡轮、制动盘、航空航天器部件等。

8.3.3　碳基复合材料

碳基复合材料主要是指以碳纤维及其制品（如碳毡）为增强体，以碳或石墨为基体复合而成的材料，其组成元素为单一的碳。

碳基复合材料能够承受极高温度和极大的加热速率，可以经受 2000 ℃左右的高温，是高性能的抗烧蚀材料。更重要的是，这种材料随着温度的升高，其强度并不会降低，甚至有所升高，这是其他材料不能相比的。因此，碳基复合材料是理想的高温结构材料，可用于制造导弹鼻锥、火箭喷嘴等。

另外，碳基复合材料还具有密度小、强度和比强度高、断裂韧性高、导热性好、热膨胀系数低、耐磨损性能优异、使用寿命长等优点，可用于飞机和汽车制动盘、轴承、内燃机活塞、人工关节等众多领域。

8.3.4　金属基复合材料

树脂基复合材料密度小、比强度高，缺点是使用温度低、耐磨性差、导热导电性差、易老化等，难以适应航空航天和军工等要求更高的领域。金属基复合材料是以金属及其合金为基体，与其他金属或非金属复合增强构成的复合材料，可以弥补上述缺陷。

1. 纤维增强金属基复合材料

该类材料的增强纤维主要有硼纤维、碳纤维、碳化硅纤维等，基体合金主要有铝合金、镁合金、钛合金等。该类复合材料的比强度高、比模量高，耐高温，常用于制造航天器部件、发动机叶片、空间站结构材料等，以及汽车构件、自行车车架、体育运动器械等。

2. 颗粒增强金属基复合材料

颗粒增强金属基复合材料通常称为金属陶瓷，是由钛、镍、钴、铬等金属及其合金，与碳化物（碳化钛、碳化钨、碳化硅）、氮化物（氮化钛、氮化硅、氮化硼）、氧化物（氧化铝、二氧化锆）、硼化物（硼化钛、硼化锆）等陶瓷种类组成的非均质材料。在实际生产中，金属和陶瓷可以按照不同配比组成工具材料、结构材料。以金属为主时为结构材料，以陶瓷为主时为工具材料。

该类材料既具有金属的韧性、高导热性和良好的热稳定性，又具有陶瓷的耐高温、耐腐蚀和耐磨损等特性，常用于制造飞机和导弹等的结构件、发动机活塞，以及化工机械零件等。其中，碳化物金属陶瓷被称为硬质合金，用作工具材料，一般以钴、镍为基体，起黏结作用，以碳化钨、碳化钛、碳化铌等作为强化相。图 8-3 所示为硬质合金模具和刀具。

3. 细粒和晶须增强金属基复合材料

该类复合材料的金属基体通常是铝合金、镁合金、钛合金，碳化硅、氧化铝的细粒或晶须为增强体，其典型代表是碳化硅晶须增强铝合金。该类材料具有极高的比强度和比模量，主要在军工行业应用，如轻质装甲、导弹飞翼、飞机部件等。

图 8-3　硬质合金模具和刀具

8.4 复合材料的成型工艺

　　复合材料的成型工艺主要取决于复合材料的基体，基体材料的成型工艺往往适用于以该类材料为基体的复合材料。例如，金属的成型工艺，如压力铸造、熔模铸造、离心铸造、挤压、轧制、模锻等，多适用于以颗粒、晶须及短纤维增强的金属基复合材料。而树脂基复合材料的成型往往采用手糊成型、喷射成型、层压成型、缠绕成型、模压成型等树脂类材料的常用成型方法。

8.4.1　树脂基复合材料的成型方法

1．手糊成型

　　在手糊成型中，常用的树脂有不饱和聚酯树脂、环氧树脂、酚醛树脂等，常用的增强材料有碳纤维（布）、玻璃纤维（布、毡）、有机纤维（布）、石棉纤维等。

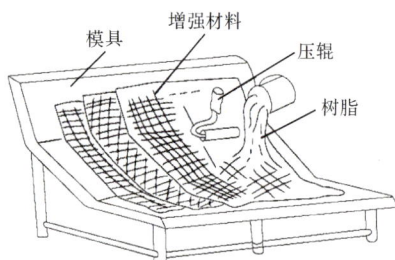

图 8-4　手糊成型示意图

　　手糊成型时，先在涂有脱模剂的模具上均匀涂刷含有固化剂的树脂混合液，再将按照要求裁剪好的纤维增强织物铺设到模具上并使其平整，用刷子、压辊或刮刀挤压织物，使其均匀浸胶并排出气泡。重复以上步骤，逐层铺贴，直至达到所需层数。然后，固化成型，脱模修整，获得坯件或制品。图 8-4 所示为手糊成型示意图。

　　手糊成型的特点是工艺简单，操作方便，生产成本低，制品的形状和尺寸不受限制，适用于多品种、小批量生产。但是，该成型方法的生产效率低，劳动条件差，且劳动强度大；制品的质量、尺寸精度不易控制，性能稳定性差，强度比其他成型方法低。手糊成型通常用于制造船体、储罐、储槽、大口径管道、风机叶片、汽车壳体、飞机蒙皮、机翼、火箭外壳等要求不高的大中型制件。

2．喷射成型

喷射成型是利用压缩空气将经过特殊处理而雾化的树脂胶液与短切纤维同时通过喷射机的喷枪均匀喷射到模具上沉积，经过辊压、浸渍及排除气泡等步骤，再继续喷射，直至完成坯件，最后将其固化成制品的一种成型方法。图 8-5 所示为喷射成型示意图及喷枪。

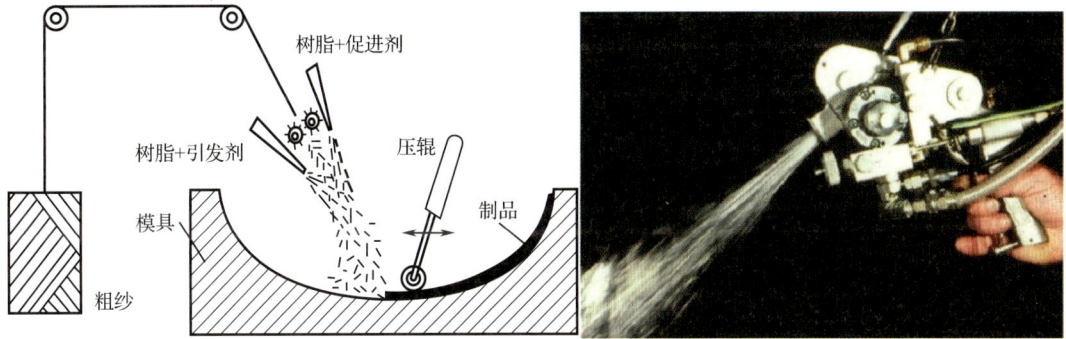

图 8-5　喷射成型示意图及喷枪

喷射成型的特点是生产效率高，劳动强度低，适用于大尺寸制品的批量生产；制品无搭接缝，形状和尺寸大小所受限制较小，适用于异型制品的成型。但是，喷射成型场地污染大，制件承载能力不高。喷射成型可用于船体、容器、汽车车身、机器外罩、大型板等制品的成型。

3．层压成型

层压成型是将纸、棉布、玻璃布等片状增强材料在浸胶机中浸渍树脂，经干燥制成浸胶材料，然后按照制品的大小，对浸胶材料进行裁剪，并根据制品要求的厚度（或质量）计算所需张数，逐层叠放在多层压力机上，进行加热层压固化，脱模获得层压制品。为使层压制品表面光洁美观，叠放时可在最上面和最下面放置 2 ~ 4 张含树脂量较高的面层用浸胶材料。

层压成型主要用于制造各种规格的复合材料板材，产品质量好，机械化程度高，应用较为广泛。

4．缠绕成型

缠绕成型是将纤维浸渍树脂胶液并按照一定的规律连续缠绕在制品的芯模上，经固化而制成零件的工艺方法。图 8-6 所示为缠绕成型示意图。缠绕的主要形式有三种，即环形缠绕、平面缠绕、螺旋缠绕，如图 8-7 所示。

缠绕成型主要用于制造圆柱体、球体及某些回转体制品。其优点是可以充分体现纤维强度，比强度高，多用于航空航天等领域。缠绕成型产品质量可靠性高，容易实现机械化和自动化批量生产。其缺点是只适合几何对称外形的产品，如管材、压力容器、储气罐等，而且设备成本高，不适合小批量生产。

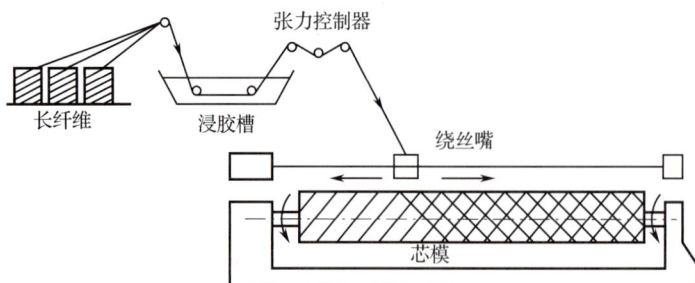

图 8-6　缠绕成型示意图

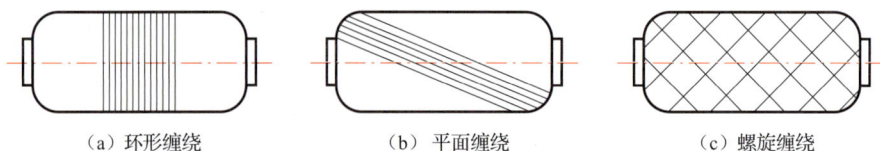

（a）环形缠绕　　　　　（b）平面缠绕　　　　　（c）螺旋缠绕

图 8-7　三种缠绕形式

5. 模压成型

模压成型是将一定量的模压料放入金属模具中，在压力和温度的作用下经过加热塑化、熔融流动、充满模腔、成型固化而获得制品的一种成型方法。图 8-8 所示为模压成型示意图。热塑性和热固性塑料均可采用模压成型。

模压成型适用于异型制品的成型，生产效率高，制品的尺寸精确、重复性好，表面粗糙度低、外观好，材料质量均匀、强度高，适合大批量生产。对于结构复杂的制品，模压成型可以一次成型，无须利用辅助机械加工。其主要缺点是模具设计和制造复杂，一次投资费用高，制件尺寸受压力机规格的限制。模压成型一般限于对中小型制品的批量生产。

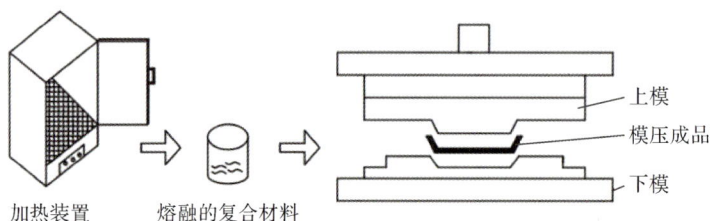

加热装置　　　熔融的复合材料

图 8-8　模压成型示意图

除以上成型方法之外，还有离心浇铸成型、挤拉成型等成型方法。另外，成型方法还可以"复合"，即用几种成型方法完成一件制品。

8.4.2　金属基复合材料的成型方法

金属基复合材料是以金属为基体，以纤维、晶须、颗粒、薄片等为增强体的复合材料。基体金属多采用铝、铜、银、铅等纯金属，以及铝合金、铜合金、镁合金、钛合金、镍合金等合金。增强材料常采用碳纤维、石墨纤维、硼纤维、陶瓷颗粒、陶瓷纤维、陶瓷晶须、金属纤维、金属晶须、金属薄片等。

金属基复合材料的加工温度高、工艺复杂，界面反应控制困难，成本较高，故其应用范围远小于树脂基复合材料。目前，金属基复合材料主要应用于航空航天领域。

1. 颗粒增强金属基复合材料成型

对于以各种颗粒、晶须及短纤维增强的金属基复合材料，其成型方法主要有粉末冶金法、铸造法、加压浸渍法、挤压或压延成型法等。

2. 纤维增强金属基复合材料成型

对于以长纤维增强的金属基复合材料，其成型方法主要有等离子喷涂法、扩散结合法、熔融金属渗透法等。

3. 层叠金属基复合材料成型

层叠金属基复合材料是由两层或多层不同金属相互紧密结合组成的材料，可以根据需要选择不同的金属层。其成型方法有轧合、双金属挤压、爆炸焊合等。

8.4.3 陶瓷基复合材料的成型方法

陶瓷基复合材料的成型方法分为两类：一类是针对陶瓷短纤维、晶须、颗粒等增强体，其成型工艺与陶瓷基本相同，如注浆成型法、热压烧结法等；另一类是针对碳、石墨、陶瓷连续纤维增强体，其成型工艺通常采用热压烧结法、反应熔融浸渗法和化学气相浸渗法等。

8.5 复合材料在产品设计中的应用

复合材料具有单一材料不具有的各种优异性能，在高端应用场合和普通工业民用领域均有良好的应用前景。

1. 日常生活和体育休闲用品

玻璃钢密度小，比强度高，耐热、耐蚀性好，易成型，可着色，成本低，应用范围非常广泛，可用于制造薄壁或形状复杂的机器零件、化工设备或管道等。除此之外，玻璃钢也常用于民用领域，如医疗器械、家庭生活用品、体育休闲用品、城市景观雕塑、电话亭等。图 8-9 所示为玻璃钢雕塑和休闲座椅。

20 世纪 70 年代，碳纤维渔竿首次出现，该类渔竿以碳纤维为增强体，以酚醛树脂等塑料为基体，采用缠绕工艺加工而成，具有比传统渔竿更细、更轻和更结实的优点，即刚度更高，更轻量化。此后，随着材料和工艺方面的改进，碳纤维渔竿越来越轻，广受人们的好评。因此，现在的渔竿基本上被称为碳纤维渔竿。图 8-10 所示为碳纤维渔竿。

20 世纪 80 年代以前，网球拍的材质主要是木材和金属。图 8-11 所示为木质网球拍。自复合材料出现之后，网球拍主要采用玻璃纤维、碳纤维增强树脂或轻质合金构成的复合材料。

复合材料球拍与木或金属材质的球拍相比，更轻，更耐用，更减震，击球手感更好。碳纤维复合材料以高比强度和高比模量等优异性能，已经成为体育休闲用品的主流材质。例如，高尔夫球杆、羽毛球拍等现在都采用碳纤维复合材料。图 8-12 所示为碳纤维高尔夫球杆。

图 8-9　玻璃钢雕塑和休闲座椅

图 8-10　碳纤维渔竿

图 8-11　木质网球拍

图 8-12　碳纤维高尔夫球杆

2．交通和航空航天领域

玻璃钢可用于制造飞机、舰船、汽车等交通工具部件。20 世纪 40 年代，美国采用玻璃钢制成世界上第一艘快艇。20 世纪 70 年代，英国建成世界上第一艘全玻璃钢猎雷舰。

碳纤维复合材料是在 20 世纪 60 年代迅速发展起来的，碳纤维比玻璃纤维有更高的强度和弹性模量，以及更好的化学稳定性、导电性和低摩擦因数，是更为理想的增强体。碳纤维复合材料的性能普遍优于玻璃钢，被广泛用于汽车、游艇、航空航天器等领域。

碳纤维增强树脂基复合材料可用于航空领域，如制造人造卫星和火箭的机架、壳体、机翼、起落架、发动机舱等，也可用于制造齿轮、轴承、活塞、密封圈及化工零件和容器。目前，碳纤维增强树脂基复合材料已经用于制造汽车等交通工具，不仅使汽车减重，而且强度、刚度、抗碰撞性能均能够满足安全要求。如图 8-13 所示，两名成年男子可以轻松抬起碳纤维汽车车身。图 8-14 ~图 8-16 所示为碳纤维部件的常见应用。

图 8-13　碳纤维汽车车身

图 8-14　碳纤维汽车灯眉

图 8-15　使用碳纤维部件的舰艇

图 8-16　使用碳纤维部件的自行车

碳纤维增强铝基复合材料和碳纤维增强镁基复合材料在航空航天、运输交通等领域具有良好的应用前景。例如，一种含 60% 碳纤维的铝基复合材料具有刚度高、热膨胀系数低的优点，被用于美国哈勃太空望远镜上的悬臂波导结构，具有极高的尺寸精度和稳定性。

碳纤维增强陶瓷基复合材料具有密度小、耐高温、抗氧化、耐腐蚀等优点，在高温结构材料中具有不可替代的作用。目前，由碳纤维和碳化硅构成的复合材料已经成功用于飞机发动机、火箭发动机，以及载人飞船的热结构和热保护材料。

碳－碳复合材料作为热结构材料，目前主要用于制造航空发动机、航天飞机的鼻锥和机翼前缘，以及卫星发动机喷管。除此之外，碳－碳复合材料密度小，耐高温，吸收能量大，耐摩擦性能好，是优异的制动材料，目前已被广泛用于制造军用飞机、大型民用客机、赛车、火车等的制动片。图 8-17 所示为碳－碳复合材料制动片。

图 8-17　碳－碳复合材料制动片

思考题

1. 什么是复合材料?
2. 复合材料有哪些类型?
3. 复合材料的成型方法有哪些?
4. 什么是玻璃钢? 什么是硬质合金?
5. 为什么复合材料有很强的抗疲劳性能?
6. 如何改善玻璃钢的性能?
7. 试讨论复合材料在产品设计中的应用前景。

参 考 文 献

[1] 江湘芸. 设计材料及加工工艺 [M]. 北京：北京理工大学出版社，2003.

[2] 郑建启，刘杰成. 设计材料工艺学 [M]. 北京：高等教育出版社，2007.

[3] 田英良，孙诗兵. 新编玻璃工艺学 [M]. 北京：中国轻工业出版社，2021.

[4] 胡赓祥，蔡珣，戎咏华. 材料科学基础 [M]. 2 版. 上海：上海交通大学出版社，2006.

[5] 贺松林，焦玉琴，张泉. 产品设计材料与加工工艺 [M]. 北京：电子工业出版社，2020.

[6] 朱张校，姚可夫. 工程材料 [M]. 5 版. 北京：清华大学出版社，2011.

[7] 赵程，杨建民. 机械工程材料 [M]. 3 版. 北京：机械工业出版社，2015.

[8] 邓文英，郭晓鹏，邢忠文. 金属工艺学 [M]. 6 版. 北京：高等教育出版社，2017.

[9] 刘一星，赵广杰. 木材学 [M]. 2 版. 北京：中国林业出版社，2012.

[10] 徐有明. 木材学 [M]. 2 版. 北京：中国林业出版社，2019.

[11] 顾炼百，张亚池. 木材加工工艺 [M]. 2 版. 北京：中国林业出版社，2011.

[12] 戴金辉，葛兆明. 无机非金属材料概论 [M]. 3 版. 哈尔滨：哈尔滨工业大学出版社，
2018.

[13] 于爱兵. 材料成形技术基础 [M]. 2 版. 北京：清华大学出版社，2020.

[14] 李津. 产品设计材料与工艺 [M]. 北京：清华大学出版社，2018.

[15] 赵占西，黄明宇. 产品造型设计材料与工艺 [M]. 2 版. 北京：机械工业出版社，2016.

[16] 郑利平. 中国古代青铜器表面镶嵌工艺技术 [J]. 金属世界，2007（1）：48-50.

[17] 胡瑛. 国外地空导弹结构 [J]. 上海航空，1990（3）：32-37.

[18] 高岩. 工业设计材料与表面处理 [M]. 2 版. 北京：国防工业出版社，2008.

[19] 王俊勃，屈银虎，贺辛亥. 工程材料及应用 [M]. 2 版. 北京：电子工业出版社，2016.

[20] 汪焰恩. 3D 打印技术与应用 [M]. 北京：高等教育出版社，2022.